"十三五"国家重点图书
WILEY 精选翻译图书

卫星和地面混合网络

Satellite and Terrestrial Hybrid Networks

［法］Pascal Berthou
［法］Cédric Baudoin
［法］Thierry Gayraud 主编
［法］Matthieu Gineste

杨明川 李月 王敬超 译

哈尔滨工业大学出版社
HARBIN INSTITUTE OF TECHNOLOGY PRESS

内 容 简 介

本书是专门研究卫星通信系统和地面通信系统异构融合问题的著作,是互联网和卫星通信领域内的多位专家和学者共同撰写的。书中的许多内容都来源于欧盟的最新科研项目结果。本书以 DVB-S(RCS)系统为例重点分析了卫星和地面移动通信系统融合系统中的几个关键问题:卫星和地面混合网络体系架构;下一代地面网络服务质量;DVB-S/RCS 卫星网络服务质量;集成卫星网络到互联网多媒体子系统服务质量架构;卫星和地面网络的移动性管理;混合网络的传输层技术等。

本书内容丰富、实用,适合从事卫星通信系统和下一代网络研究的广大工程技术人员阅读,也可作为相关院校通信、电子等专业的教材或教学辅助用书。

黑版贸审字 08-2019-148 号

Satellite and Terrestrial Hybrid Networks

Pascal Berthou, Cédric Baudoin, Thierry Gayraud and Matthieu Gineste
ISBN 978-1-84821-541-2

Copyright © 2015 ISTE Ltd and John Wiley & Sons, Inc.

图书在版编目(CIP)数据

卫星和地面混合网络/(法)帕斯卡尔·伯图(Pascal Berthou)等主编;杨明川,李月,王敬超译. —哈尔滨:哈尔滨工业大学出版社,2021.10
ISBN 978-7-5603-9196-0

Ⅰ.①卫…　Ⅱ.①帕…②杨…③李…④王…　Ⅲ.①卫星通信-通信网　Ⅳ.①TN927

中国版本图书馆 CIP 数据核字(2020)第 231216 号

策划编辑	许雅莹　苗金英	
责任编辑	周一瞳　庞亭亭	
封面设计	高永利	
出版发行	哈尔滨工业大学出版社	
社　　址	哈尔滨市南岗区复华四道街 10 号　邮编 150006	
传　　真	0451-86414749	
网　　址	http://hitpress.hit.edu.cn	
印　　刷	哈尔滨市颉升高印刷有限公司	
开　　本	660mm×980mm　1/16　印张 13.5　字数 265 千字	
版　　次	2021 年 10 月第 1 版　2021 年 10 月第 1 次印刷	
书　　号	ISBN 978-7-5603-9196-0	
定　　价	48.00 元	

（如因印装质量问题影响阅读,我社负责调换）

译　者　序

　　随着全球"经济一体化"的迅速发展，人们对通信地域的要求越来越高，在全球范围内实现"无缝通信"已成为未来移动通信的必然要求。基于这个目标，移动通信技术历经数代革新得到了飞速发展，其中地面移动通信系统和卫星移动通信系统是最具代表性的两类系统。地面移动通信系统已经经历了1G、2G、3G 和 4G，目前已经如荼如火地开始了 5G 的商用。相比而言，卫星移动通信系统的发展相对独立并且落后于地面移动通信系统。

　　虽然卫星移动通信系统和地面移动通信系统在系统性能方面都在不断地提升，但是由于两种系统本身固有的一些缺陷，因此如果单纯依靠某一种系统，则难以实现任何人任何时候在任何地方进行通信的目的。地面移动通信系统的优势主要在于为人口密集的城市乡村地区提供最有效的覆盖，且技术发展成熟，网络时延较小，终端小巧灵活，通信费用也比较低。然而，受地形和经济因素的制约，地面移动网络始终无法覆盖诸如海洋、偏远地区等全球大部分区域。卫星作为全球最高的基站，不受地理环境约束，且具有较强的广域覆盖能力。但是由于卫星主要依赖视距传输，因此无法为建筑物密集的城市区域提供有效的覆盖。另外，地面通信网络设施在地震、飓风等灾害发生时可能会遭到毁灭性的损坏而使受灾区通信网络陷入瘫痪形成"信息孤岛"，而卫星因处于高空而不受影响，可以迅速为受灾区域提供通信服务。通过以上对比可以看出，卫星网络和地面移动网络具有优势互补的特性，如果将两个网络结合起来构成一个网络中的网络，即"星地一体化网络"，那么就可以同时具备两种网络的优点，是实现"任何时间""任何地点"和"永远在线"通信目标的有效解决方案。

　　星地一体化网络是一个非常复杂的系统工程，涉及卫星移动网络和地面移动网络的融合与互操作及系统的切换和协调控制等复杂问题。要想充分发挥星地一体化网络的上述优势，必须克服两种网络融合带来的一系列问题。首先需要考虑星地一体化网络的体系架构和空中接口技术，以实现有效的星地互联互通和信息高效传输，达到 1+1>2 的效果。本书是专门研究卫星通信系统和地面通信系统异构融合问题的著作，结合卫星通信系统的最新发展趋势，以 DVB-S(RCS)系统为例重点分析了卫星通信系统和地面移动通信系统融合系统中的几个关键问题。

全书分为 6 章:第 1 章绪论,主要分析了星地一体化网络建设的重要意义,提供了几种卫星网络和地面网络融合的应用场景,并针对特定的应用场景分析了混合网络的体系架构;第 2 章下一代地面网络服务质量,服务质量是下一代地面网络的核心问题,分析了下一代网络体系架构及服务质量管理,并比较了 IETF 与 ITU-NGN 关于下一代服务质量的分析;第 3 章 DVB-S/RCS 卫星网络服务质量,介绍了标准的 DVB-S、DVB-RCS 及其演进系统的体系架构,深入分析了 ESA 和 SatLabs 实验室的 QoS 体系架构;第 4 章卫星在 IMS QoS 架构中的集成,星地一体化网络中一个很重要的问题就是如何设计一个同时兼容卫星系统和地面系统的 QoS 体系架构,针对这一问题,深入分析了 IP 多媒体子系统体系架构;第 5 章混合系统间移动性,卫星地面混合系统中必须面对的问题就是移动性管理问题,分析了移动性管理和互联网协议的分类,并深入分析了混合网络中的特殊难点问题;第 6 章混合网络的传输层技术,传输层技术一直是卫星通信饱受争议的重点,混合网络又增加了传输层设计的难度,如移动终端从一个网络切换进入另一个网络后的时延和抖动问题,分析了卫星通信网络传输层技术的最近研究成果,并且分析了 TCP 协议及其相关改进技术。

本书第 1、2 章由黑龙江大学李月翻译,第 3、4 章由军事科学院王敬超翻译,第 5、6 章及结论由哈尔滨工业大学杨明川翻译,由杨明川负责全书统稿。

卫星移动通信系统和地面移动通信系统涉及的知识面很广,因此对于原著内容的理解难免会有偏差,翻译不当之处恳请得到各位同行和专家的批评指正。另外,卫星移动通信系统和地面移动通信系统在不断地快速发展,本书的内容只涵盖了 2015 年以前的相关研究结论。

限于译者水平,书中不足之处在所难免,望读者批评指正!

译　者
2021 年 7 月

序

　　随着综合业务数字网的出现,基于互联网的技术越来越多地被应用到日常生活中,由此产生了"融合"的概念,即将信息技术、电信和视听技术逐步融合到一个新的产业中,使信息系统的接入更加直观并易于使用。

　　事实上,信息数字化和信息捆绑出现似乎是各种不同类型融合的驱动力,融合范围从不同的用途到多样化的接入点,将服务和网络转为物理基础设施的虚拟化。今天,数字信息流通过电信基础设施进行交换,它无法区分是数字信息的交换还是电话交谈或包含视听多媒体内容的消息。这种驱动力将不断提高信息和通信系统各层的灵活性,且不可避免地导致经济模式结构的变化,使得电信、视听和信息产业之间的价值链发生重大变化。

　　卫星通信领域也受到这一剧变的影响。为应对这些变化,"卫星通信"行业人员一直在研究卫星无线通信与新的信息和通信技术之间的相互联系。这也是本书所要研究的主题,包括涉及的各种技术挑战,以卫星定位为核心网络、接入网络和本地网络,研究在固定、移动和广播服务的不同方面实现尽可能透明的集成。

　　卫星通信的基础设施需要发展,以便在竞争日益激烈的情况下承载各种类型的业务,并与频繁更新的服务兼容。本书将重点介绍关于"服务质量"(旨在为用户提供最佳体验)的通信理论及需要突破的各种关键技术,包括在信息传输、面向移动设备或新一代的卫星接入及传播结构进行通信过程中产生的影响。

　　本书明确强调了连接卫星通信与新一代地面网络系统的各个基本方面,给出了对该一体化所引起的广泛问题的详细讨论,并在卫星通信网络需克服的技术挑战方面提供了独特的见解。

　　本书作者均为互联网方面的研究人员,希望通过多年的研究,能够解决本书所描述的技术发展问题。

Patrick GÉLARD

2015 年 7 月

前　言

通信卫星开始于1972年Anik 1号卫星的发射,它被认为是第一颗地球静止轨道商业通信卫星。此后,卫星系统不断发展以提供更多的服务,而不再只是提供电话服务或电视广播。随着互联网的出现,宽带卫星通信的概念迅速出现,旨在为地球上任何一点提供高速连接。随后,在20世纪80年代,第一个移动卫星服务与国际海事卫星组织一起出现。这些系统最初提供海上电话通信,后来开始提供移动数据服务。

卫星系统的主要特点是地理覆盖范围广、基础设施成本较低、有固定或移动终端、有能力进行大规模广播。编码和天线方面的许多进步为通信提供了更高的速度。但与地面通信系统相比,卫星通信系统不具有竞争力。如今的模式是地面网络与卫星融合,在那些效率低或缺乏成本效益的地区进行网络补充,如偏远地区和大规模移动。此外,卫星是覆盖地面及盲区的一种合适的媒介,它提供了一种特殊的通信方法,可以处理高速下的大规模移动(通常需要飞机和火车服务等)。

融合是下一代电信网(Next Generation Network,NGN)的关键问题之一,也是3G和4G长期演进(3G/4G-Long Term Evolution,3G/4G-LTE)的基础之一,因为它既包括业务融合,又包括固定移动融合。

这一强劲的趋势导致了形式的转变。为在不同的接入网络上使用具有不同需求的多媒体应用的环境中实现服务质量(Quality of Service,QoS)的策略,这些QoS策略必须根据所讨论的网络(接入网或核心网)将明显不同的QoS管理结构结合在一起,同时进行优化,以适应具有不同需求的每个网络和服务。需要指出的是,当前的体系结构从头到尾实现了局部的QoS视图,但在不同层上实施的解决方案远不是最佳的。

本书旨在为卫星系统与下一代地面网络的成功集成提供指导。数字视频广播-卫星回传信道(DVB-S/RCS)系列系统(DVB-S/RCS及其演变)是目前可以提供最新架构和服务的卫星通信系统,它将被用于解决需要突破的挑战,以确保成功集成。当然,本书所讨论的概念是通用的,也可以应用于其他系统,包括其他作为竞争对手的卫星通信系统。

针对如何将卫星系统与下一代地面网络成功集成这一问题的介绍,是围绕一种消除了地面和卫星通信系统复杂性的方法建立的,本书对此提供了一个高度的概括,将目光集中在这些系统的组成部分及其相互作用。因此,本书的目标读者范围很广,从卫星系统的设计者到希望将卫星系统纳入其系统的网络运营商,从监管机构到希望解决地面/卫星混合系统问题的学生。

本书使用几种复杂程度不同的方案来实现将卫星系统集成到地面网络,并讨论与地面和卫星网络中 QoS 有关的管理问题及实现相互操作性的解决方案,解决移动性体系结构及其性能问题,着重于传输层在融合网络中的作用相关问题的探讨。本书提供的所有解决方案都已在一些欧洲和法国的研究项目中得到开发和测试,相关结果或来自现有系统的测试,或来自真实模拟平台的模拟,或来自仿真器的仿真。

本书内容安排如下。

(1)第 1 章:绪论。

卫星通信系统的成功之处主要是其覆盖范围广、上市时间短。虽然海洋和空域覆盖等市场将继续存在,但相比之下卫星系统的未来大不相同。现在,无论有没有广播,将卫星集成到地面系统都是提供固定和移动服务的唯一途径。该章提供了许多混合方案,分析这些被称为“紧耦合”“网关”或“松耦合”的场景,并描述它们对架构和服务的影响。

(2)第 2 章:下一代地面网络服务质量。

为保持竞争性和收益,保证 QoS 是下一代网络(包括卫星在内)的基本目标,该章介绍了可以提供高级 QoS 管理的基本通信体系结构,比较了互联网工程任务组(Internet Engineering Task Force,IETF)和 ITU-NGN 的相关方法。

(3)第 3 章:DVB-S/RCS 卫星网络中的服务质量。

DVB-S/RCS 是卫星通信系统中最强大、最灵活的 QoS 管理系统之一。该章介绍了标准 DVB-S、其经卫星返回信道 RCS 及它的最新进展,将重点分析由欧洲航天局和卫星实验室小组推广的 QoS 体系结构。

(4)第 4 章:卫星在 IMS QoS 架构中的集成。

地面和卫星网络兼容的综合 QoS 体系结构的实现是一个重大的挑战。结合第 3 章中介绍的各种方法,该章研究了 IP 多媒体子系统(IMS)体系结构中成功集成的一个实例。

(5)第 5 章:混合系统间移动性。

移动性是现代通信网络业务的一项关键技术,在星地混合系统中必须加以考虑。该章介绍了移动性和互联网协议的分类,然后重点介绍了与这些混合网络相关的困难和性能问题,并根据经验为这些系统的移动性管理提供建议。

(6)第 6 章:混合网络的传输层技术。

虽然现在对于提高性能的代理(Policy Enforcement Point,PEP)解决方案已经达成了共识,但针对卫星系统中传输层的争论还未停止。混合网络带来了一些新的问题,如当移动设备从一种网络类型转换到另一种网络时,延迟和速度会发生严重变化,这将严重影响传输层的性能。该章总结了过去几年在卫星系统中传输层方面所做的工作,并讨论了混合系统中由该层导致的问题,随后对传输控制协议(Transmission Control Protocol,TCP)的最新进展提出了新的观点,并进行评估和讨论。

Pascal Berthou
2015 年 7 月

目　　录

名词缩写

缩写	中文
2G	第二代移动通信技术（GPRS 和 EDGE）
3G	第三代移动通信技术（UMTS、HSDPA、HSDPA+和 LTE）
3GPP	第三代合作伙伴计划
4G	第四代移动通信技术（LTE 演进）
AAA	认证、授权和计费
ACK	确认
ACM	自适应编码调制
ACQ	（DVB-RCS）采集
ADSL	非对称数字用户线
AF	确认转发
AF	（IMS）应用功能
ANI	应用到网络接口
AP	接入点
API	应用程序编程接口
AR	接入路由器
ARC	主动资源控制器
ASP	应用服务供应商
AVBDC	（DVB-RCS）基于绝对容量的动态分配
BA	捆绑确认
BACK	捆绑确认
BB	带宽代理
BBM	先断后合
BDP	带宽时延积
BE	尽力服务
BER	比特误码率
BSM	宽带卫星多媒体
BU	捆绑更新
C-BGF	核心边界网关功能
CCSDS	空间数据系统咨询委员会
C2P	连接控制协议

缩写	中文
CMT	(DVB-RCS)纠正信息表
CN	通信节点
CNES	国家太空研究中心
CoA	转交地址
COPS	公共开放策略服务
COPS-DRA	公共开放策略服务-DiffServ 资源分配
COPS-PR	公共开放策略服务-策略提供
CoT(i)	转交初始测试
CPE	用户端设备
CPM	连续相位调制
CR	容量请求
CRA	(DVB-RCS)连续速率分配
CSC	(DVB-RCS)公共信令信道
CSCF	(IMS)呼叫/会话控制功能(P-代理;S-服务;I-询问)
CSS	层叠样式表
CTCP	复合 TCP
CWND	拥塞窗口
DAD	重复地址检测
DAMA	按需分配多址
DCCP	数据报拥塞控制协议
DIAMETER	双远程用户身份认证拨号功能
DNS	域名服务器
DSCP	差分服务代码点
DSM-CC	(MPEG2)数字存储媒体-命令和控制
DULM	数据单元标记方法
DVB-RCS	数字视频广播-通过卫星返回信道
DVB-S	数字视频广播-卫星
DVB-S/RCS	数字视频广播卫星/通过卫星返回信道
ECN	显式拥塞通知
EF	快速转发
E-LSP	EXP 推断 PSC LSP
eNodeB	演进节点 B(LTE)
EPC	演进分组核心(LTE)
ES	(MPEG2)基本流
ESA	欧洲航天局
ETSI-TISPAN	ETSI-电信和互联网融合服务和高级网络协议

缩写	中文
FBACK	(FMIP)快速捆绑确认
FBU	(FMIP)快速捆绑更新
FCA	(DVB-RCS)自由容量分配
FCT	(DVB-RCS)帧组成表
FEC	转发等价类
FMIP	快速切换移动 IP
FSS	固定卫星业务
FTP	文件传输协议
GEO	地球静止轨道
GGSN	网关 GPRS 支持节点
GIST	通用互联网信令传输
GPRS	通用分组无线业务(2.5G)
GSE	通用流封装
GSM	全球移动通信系统
GTP	GPRS 隧道协议
GW	网关
HA	本地代理
HACK	(FMIP)切换确认
HDLB	分层双令牌桶
HHO	水平切换
HHHO	混合 HHO
HI	切换启动
HLS	(DVB-RCS2)高层卫星
HMIP	分层移动 IP
HNP	本地网络前缀
HoA	本地地址
HoT(i)	本地初始测试
HSS	(IMS)本地用户服务器
HTB	分层令牌桶
HTTP	超文本传输协议
I-PEP	可互操作-性能增强代理
IANA	互联网号码分配局
ICMP	互联网控制消息协议
ID	标识符
IE	信息元素
IETF	互联网工程任务组

缩写	中文
IMS	IP 多媒体子系统
INAP	交互式网络访问操作员
INT	（MPEG2）IP/MAC 通知表
IP	网络协议
IP-TV	IP 电视
ISDN	综合业务数字网
ISP	因特网服务提供商
IST	信息社会技术
IT	信息技术
ITSP	因特网电话服务提供商
ITU	国际电信联盟
ITU-T	ITU 电信标准化部门
L-LSP	仅标签推断的 PSC LSP
LAN	局域网
LBU	本地绑定更新
LCoA	（HMIP）链路转交地址
LFN	长肥网络
LLS	（DVB-RCS2）下层卫星
LMA	（PMIP）局部移动性锚节点
LSP	标签交换路径
LSR	标签交换路由器
LTE	长期演进
MAC	介质访问控制
MAG	移动接入网关
MAP	移动定位点
MBB	断开前闭合
MF-TDMA	多频时分复用接入
MIB	管理信息库
MIP	移动 IP
M2M	机器到机器
MME	移动管理实体
MMT	（MPEG2）多播映射表
MMUSIC	多方多媒体会话控制
MN	移动节点
MPE	多协议封装
MPEG	移动图像专家组

缩写	中文
MPEG2-TS	移动图像专家组-传输流
MPLS	多协议标签交换
MSP	多播服务提供商
MSS	移动卫星服务
NACF	网络连接控制功能
NAR	新接入路由器
NAT	网络地址转换
NCC	网络控制中心
NCoA	新转交地址
NCR	(DVB-RCS)网络时钟参考
NE	网元
NFC	近距离通信
NGA	下一代接入
NGN	下一代网络
NIT	(MPEG2)网络信息表
NMC	网络管理/运营中心
NSIS	下一步信令
NSLP	NSIS 信令层协议
NTLP	NSIS 传输层协议
OBP	星上处理
OS	操作系统
OSI	开放系统互联
OWD	单向延迟
PAR	原接入路由器
PAT	(MPEG2)程序关联表
PBA	(PMIP)代理绑定确认
PBN	基于策略的网络
PBU	(PMIP)代理绑定更新
P-CSCF	代理-呼叫/会话控制功能
PC	个人计算机
PCoA	原转交地址
PCIM	策略核心信息模型
PCRF	(LTE)策略和计费规则功能
PDCP	分组数据融合协议
PDF	决策函数
PDN	分组数据网络

缩写	中文
PDP	决策点
PEP	性能增强代理
PEP	策略执行点
PES	（MPEG2）分组基本流
PHB	每跳行为
PHoA	原本地地址
PIB	策略信息库
PID	（MPEG2）包标识符
PMIP	代理移动 IP
PMT	（MPEG2）程序映射表
PrRtAdv	代理路由器播发
PSI	（MPEG2）程序和服务信息
PUSI	（MPEG2）载荷单元起始指示器
QNF	QOS NSIS 转发器
QNI	QOS NSIS 发起方
QNR	QOS NSIS 响应器
QoS	服务质量
RA	随机访问
RA	（IPv6）路由器播发
RACF	资源和接纳控制功能接纳
RACS	资源和接纳控制系统接纳
RADIUS	远程认证拨号用户服务
RAN	无线接入网
RBDC	（DVB-RCS）基于速率的动态分配
RC	请求类
RCoA	（HMIP）区域转交地址
RCS	通过卫星返回信道
RCST	返回信道卫星终端
RFC	请求建议
RLE	返回链路封装
RMF	资源管理功能
RNC	无线网络控制器
RO	路由优化
RRT	返回路由性能测试
RSVP	资源预留协议
RTO	重传超时

缩写	中文
RTP	实时协议
RTSP	实时流协议
RtSolPr	路由请求代理
RTT	往返时延
RT−ViC	实时视频会议
SAC	卫星访问控制
SACK	选择性确认
SAP	会话通知协议
SCF	服务控制功能
SCPS	空间通信协议规范
SCPS−TP	SCPS 传输协议
SCT	(DVB−RCS)超帧组成表
SCTP	流控制传输协议
SD	卫星相关
SDP	会话描述协议
SDU	业务数据单元
SE	信令实体
SES	卫星地球站
SGSN	服务 GPRS 支持节点
SGW	服务网关
SIP	会话启动协议
SLA	服务级别协议
SLF	(IMS)用户定位功能
SLS	服务级别规范
SMTP	简单邮件传输协议
SNACK	选择性否定确认
SNDU	子网数据单元
SNMP	简单网络管理协议
SNO	卫星网络运营商
SNR	信噪比
SO	卫星运营商
SOAP	简单对象访问协议
SP	服务提供商
SPT	(DVB−RCS)卫星位置表
ST	卫星终端
SVNO	卫星虚拟网络运营商

缩写	中文
SYN	同步
SYNC	（DVB-RCS）同步
TBTP	（DVB-RCS）终端时间突发时间计划
TCP	传输控制协议
TCT	（DVB-RCS）时隙组成表
TDM	时分复用
TIM	（DVB-RCS）终端信息报文
TM/TC	遥测/遥控
TSAP	传输业务接入点
TS	（MPEG2）传输流
UAC	用户代理客户端
UAS	用户代理服务器
UDLR	单向链路路由
UDP	用户数据报协议
UE	用户设备
ULE	超轻量封装
UMTS	通用移动通信系统
UNA	非请求邻居公告
UNI	用户到网络接口
URI	统一资源标识符
UTO	用户超时选项
UTRAN	UMTS 地面无线接入网
VBDC	（DVB-RCS）基于容量的动态分配
VCI	（ATM）虚拟信道标识符
VCM	可变编码调制
VHO	垂直切换
VoIP	IP 语音
VPI	（ATM）虚拟路径标识符
VPN	虚拟专用网
VPN SPs	VPN 服务提供商
VSNs	虚拟卫星网络
VSNO	虚拟卫星网络运营商
WIMAX	全球微波互联接入
WAN	广域网
WLAN	无线局域网

第1章 绪 论

卫星通信因其覆盖面广且可实现地面基础设施无法到达区域的信息交换而适合作为填补地面无线通信覆盖盲区的通信方式。

极高速接入的发展带动了新业务和新应用的兴起,这些业务和应用越来越频繁地依赖极为苛刻的多媒体信息来实现通信目的。从中短期看,信息和通信技术在各行各业及人们的日常生活中会占据越来越重要的地位。

对电信运营商来说,最重要的是及时把握网络上现有业务日新月异的发展,并灵活地在已有业务中集成极高速接入引入的新业务。要实现这两点,就必须创建一个混合系统来融合广播网络、双向卫星(固定和移动业务)及地面网络,以便为对网络资源日益苛刻的应用和业务提供更高质、更透明的接入,从而实现更大的覆盖范围。

对于这些问题,首先需要克服的挑战是"系统"的建立及对集成一个高效透明地融合卫星和地面网络的有效架构的需求(确保业务的传递)。

下一代网络(NGN)和下一代接入(Next Generation Access,NGA)规范以数据包交换(互联网协议(Internet Protocol,IP)、多协议标签交换(Multi-Protocol Label Swiching,MPLS)、以太网、通用流封包(Generic Stream Encapsulation,GSE)/返回连接封包(Return Link Encapsulaton,RLE)等)作为连接手段,使这种融合成为可能。这些规范旨在通过在彼此的业务间建立安全有效的连接来消除异构网络间的障碍。可以通过忽视底层通信网络,使用不同类型的固定或移动接入终端实现,从而保证在所有类型的网络上生成业务。

此番融合会对整条产业价值链造成影响,涉及所有的利益相关者,包括服务提供商、网络提供商、网络接入提供商、卫星运营商、家庭网络和终端用户的使用终端等。

开放系统互联(Open System Interconnection,OSI)模型的不同层级都需要进行修改,各种技术挑战都需要克服;同时,必须考虑卫星可在其中发挥技术、经济和社会效益的多个混合场景。

1.1　混合场景

在过去十多年里,涌现出不少接入互联网服务的网络接入技术。与此同时,原本专为手机和语音服务而设计的蜂窝网络已衍生出一些更高级的服务,其中最重要的就是互联网接入。

移动终端(手机、智能手机、超薄笔记本或笔记本电脑)迅猛发展,尺寸和质量明显下降,并不断融合了多种无线网络接口(3G/4G、Wi-Fi、蓝牙、近场通信(Near Field Communication,NFC)等),提升了通信容量。这些无线通信技术(全球微波互联接入(Worldwide Interoperability for Microwave Access,WIMAX)和3G/4G-LTE)使用户可以随时随地连接到服务,从而实现移动互联接入。

这个趋势如今看来是不可避免的,因此设计新的网络基础设施的一个基本要求就是提供"永远在线"服务。

下一代网络和4G的概念完全符合这个思路(图1.1)。在设计服务或应用时,不仅应时刻考虑所有类型的接入网络(无线、蜂窝、电缆、光纤等),还应以核心互联网协议技术为基础,这是现在电话与数据业务融合的基本准则。

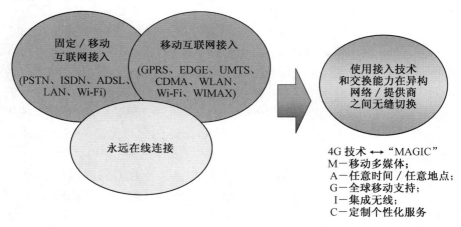

图1.1　4G/NGN 的趋势

在下一代网络和4G网络中,"永远在线"旨在向服务用户提供普适移动性,在其兼容能力范围内尽可能提供充分透明的接入网络交换。

应用及其底层协议都必须紧随网络的变化。然而,由于现在的网络是异构的,且由各种利益相关者共同运营,因此要想实现这个要求绝非易事,在经济方面(业务、角色模型等)和技术方面(服务质量、认证授权计费(Authentication,Authorization and Accounting,AAA)等)都会出现问题。

因此,亟须卫星系统遵循这个趋势,展现其与下一代网络/4G网络的兼容性,这对卫星宽带市场来说是最重要的。实际上,大多数利益相关者(工业、供应商和研究实验室)都极力促使卫星集成到这个架构。

多个案例证明,卫星/地面混合网络独具优势。作为对传统地面接入技术的补充,卫星系统为移动用户及更为普遍的移动网络的部署带来了真正的效益。卫星网络覆盖范围极广,接入速度极快,其性能、服务质量和安全方面的能力完全媲美传统网络。当然,卫星网络不会与地面网络竞争,而是作为对地面网络覆盖区域的补充,在地面基础设施变得无效(大规模拥堵或受到攻击)、被损坏(自然灾害)或只是单纯地不可用(无覆盖)时,提供有效的替代方案。

因此,目前卫星网络的典型应用主要集中在民用防护、军事(战场)或交通(航海、航空、铁路等)等行业。

下面将分析在保留与下一代网络/4G架构兼容性的前提下,卫星的这些应用对混合网络总体架构的影响。首先描述如何完成系统级的集成,然后分析不同的应用场景。

1.1.1　网络架构:混合网络的集成

卫星网络与地面网络的集成可通过多种方法实施。有多个技术方案可用于解决卫星网络与地面网络的集成问题,但集成的主要准则很大程度上由卫星网络与地面网络集成衍生的角色模型和业务决定。

尽管如此,仍可定义出集成的以下三种通用类型。

1. 紧耦合集成

移动系统(3G、长期演进和全球微波互联接入)被扩展,以完全透明的方式将卫星作为替代接入信道。

2. 网关集成

卫星不是直接在空中接口层,而是通过特定的网关的接入而集成到移动互联网基础设施的。

3. 松耦合集成

一个特殊的卫星系统接口被添加到移动卫星终端,以便通过这个接口启用对地面互联网协议的接入。因此,需要使用能够生成多种接口的多模式和多技术终端,并采用特殊协议(如 DVB-RCS+M)。

下面将从技术方面更详细地介绍这三个场景。

1.1.2　紧耦合集成

　　在紧耦合集成方法中,卫星以透明的方式完全融入目标移动系统(3G、长期演进和全球微波互联接入),供移动用户使用。无线接入接口被扩展(包括基础设施和协议),用以集成一个卫星信道,该卫星信道作为可供移动用户使用的替代接入接口(图1.2)。

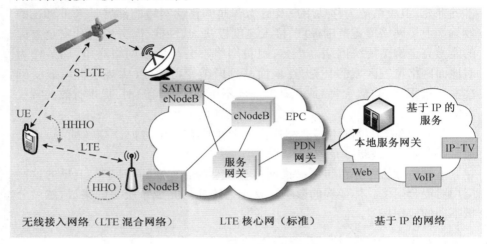

图 1.2　紧耦合架构

　　作为 SWIMAX 项目的研究内容,法国国家空间研究中心目前正在对这个方法展开研究。如果从长期演进系统来看,卫星可以直接集成到核心基础设施,网关卫星则成为一个标准接口(eNodeB)(图1.3)。移动终端使用传统地面协议(需改进以适用于信道卫星)通过信道卫星与网关卫星通信,这个方法被视为混合网络中卫星集成的最终步骤,卫星系统需要特殊设计以完全兼容移动协议。卫星系统通过一个标准演进型 Node B(eNodeB)接口与核心网络充分集成。从用户的角度来看,这是最有效的方法。

　　然而,这也是最复杂的方法,因为它需要硬件具备极为良好的性能,以便让便携式设备保持在较小的尺寸。

　　该方法中,终端是混合型的,它使用同一个协议栈(长期演进或全球微波互联接入)即可与卫星或地面天线交互。这些协议像在传统地面蜂窝网中那样处理移动性管理。

　　在长期演进网络中,紧耦合集成方法具有以下特点。

　　(1)接入协议。长期演进(标准范围)。

（2）终端。混合型或双模（地面/卫星集成）。

（3）无线接入网络。混合型（地面/卫星基础设施）。

（4）卫星。移动卫星服务（Mobile Satellite Service, MSS）卫星。

（5）卫星网关。起 eNodeB 作用的特殊网关。

（6）移动性。由长期演进提供。

其要点如下。

（1）地面演进型 Node B 间的水平切换（Horizontal Hand-Over, HHO）。

（2）卫星/地面演进型 Node B 间的混合水平切换（Hybrid HHO, HHHO）。

（3）网络层不存在移动性。由单一分组数据网-网关（Packet Data Network-Gateway, PDN-GW）维护互联网协议地址。

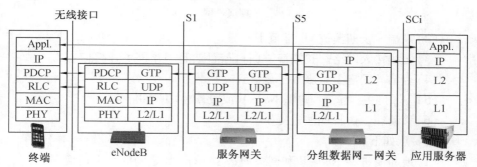

图 1.3　长期演进协议栈

（用户计划——第三代合作伙伴计划（3GPP）标准文档）

1.1.3　网关集成

在网关集成模型中,卫星作为网关被集成到移动网络中。实际上,卫星并不具有与移动网络交互的无线接口,而是作为特殊网关接入移动网络核心。

因此,移动终端仍然是传统的终端,遵照目标移动网络（如长期演进或全球微波互联接入）的标准。它不再是双模设备,而卫星接口仍然是传统的固定卫星接口（固定卫星服务（Fixed Satellite Service, FSS））。移动终端连接到传统的演进型 Node B,这个演进型 Node B（eNodeB）通过卫星链路连接到核心网络。卫星网络具有一个与核心地面移动网络的接口,在长期演进模型中,它可实现演进型 Node B 或服务网关（Serving Gateway, SGW）的功能（图1.4）。

网关集成方法在长期演进网络中的特性如下。

（1）接入协议。长期演进（标准范围）。

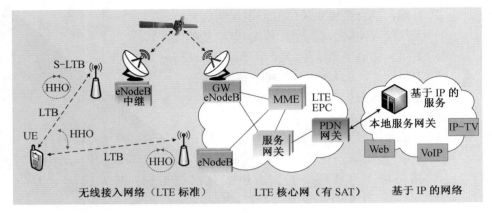

图 1.4　长期演进网关架构

(2)终端。长期演进(标准范围)。

(3)无线接入网络。长期演进(标准范围,且卫星网关连接核心)。

(4)卫星。固定卫星服务卫星。

(5)卫星网关。作为演进型 Node B 或服务网关的标准网关。

(6)移动性。由长期演进提供。

其要点如下。

(1)地面演进型 Node B 和网关演进型 Node B 之间的水平切换。

(2)卫星/地面演进型 Node B 之间的混合水平切换。

(3)网络层不存在移动性。由单一分组数据网–网关维护互联网协议地址。

1.1.4　松耦合集成

在松耦合集成中,一个特殊的卫星接口被添加到终端,以便通过特定的接入网络连接到互联网协议网络(图 1.5)。与紧耦合集成不同,在松耦合集成中,补充接口遵从传统移动卫星服务的标准,它不用像前面两种方法一样通过特殊的协议与地面移动系统集成。这个方法使用了多技术移动终端,这个终端通过特殊协议管理常用接口(对于卫星,可以使用 DVB–RCS+M 架构)。

这个架构可适用于所有技术,并不限于长期演进。移动终端通过异构接入网络连接到互联网协议网络。

松耦合集成方法的特性如下。

(1)接入协议。多个异构混合协议。

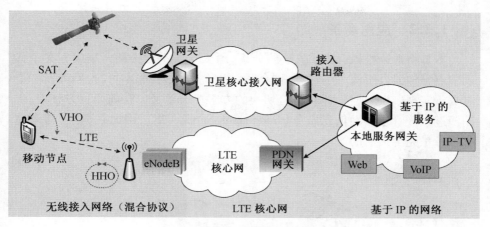

图 1.5　长期演进/卫星松耦合集成

（2）终端。多模式，因不同网络而相应调整。

（3）无线接入网络。地面（长期演进或其他）和卫星。

（4）卫星。移动卫星服务卫星。

（5）卫星网关。标准网关。

（6）移动性。水平和垂直切换。

其要点是移动性由网络层（移动 IP 栈）管理。

1.2　方案分析：松耦合集成

1.2.1　应用方案及用户配置

在说明应用方案前，必须先定义用户配置中涉及的以下几点。

（1）业务性质。非对称数据流、连接长度、变量流、必要时的加密技术等。

（2）地理移动性性质。移动用户与本地代理之间的可能距离。

（3）切换频率。依据底层接入网络的类型而定。

了解这些参数很重要，因为这些参数指导着合适的移动机制的选择，或被作为定义适当新机制的要素。

然而，了解这些参数不是一项轻松的任务。用户的需求、所在区域和移动类型都会导致不同用户间配置差异极大。业务本身是最难以预测的参数，因为对移动网络的使用是经常变化的，会有许多不同的应用；而且，运营商能够提供的服务也随着其创新能力的提升而大量增加。

1.2.2　应用场景

本节将继续松耦合集成方法的分析,图 1.6 所示为松耦合集成方案中移动节点异构混合架构。尽管"紧耦合"和"网关"方法并非不可行,但开发一个可真正实现(在多项技术间)垂直切换的方案更有意义。在前两种方法中,长期演进直接管理移动信息服务(Information Service,IS),因此在高层,移动信息服务是完全透明的。

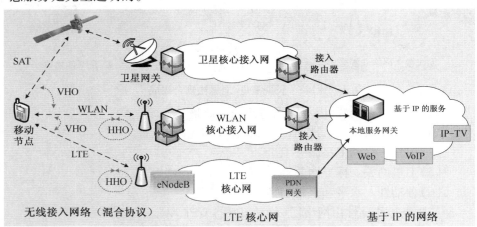

图 1.6　松耦合集成方案中移动节点异构混合架构

在前面所述架构的基础上,可以解决移动网络的情况。图 1.7 所示为松耦合集成方案中移动网络的异构混合架构。松耦合集成方案尤其适用于公共交通、通信车及军事领域。卫星因此而成为除地面网络外,车辆可使用的

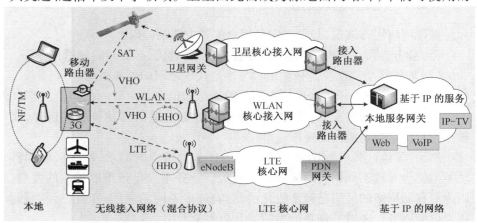

图 1.7　松耦合集成方案中移动网络的异构混合架构

因此,路由器管理具有移动性,而路由托管的节点则固定在网络其他部分上。

1.2.3 移动用户配置

本方案的一个可能的用户配置案例如下。

(1)覆盖。无线局域网(Wireless Local Network,WLAN)和/或蜂窝网(3G/4G)由覆盖面广的卫星网络提供覆盖补充(图1.8)。实际上,因为将经常受接入技术管理(3G 或长期演进中的水平切换),所以切换不经常发生(垂直切换(Vertical Hand-Over,VHO)和混合水平切换)。

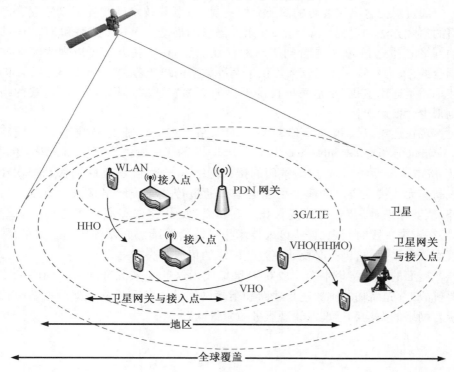

图 1.8 移动场景中的网络覆盖

(2)地理移动性。从短距离(移动用户)到洲际移动(如在客机中)。

(3)业务性质。互联网接入常规业务,包括网站导航(HTTP)、电子邮件(SMTP)、文件传输(FTP)和音/视频流(RTP)。除点对点(Peer-to-Peer,P2P)外,所有这些协议都生成非对称流,主要是从网络到移动设备,连接长度各有不同(HTTP 长度短,SMTP 和 RTP 长度长)。出于安全考虑,可采用 IPsec(互联网协议安全)型协议,这种类型的协议被广泛使用。

(4)移动设备。移动终端或移动路由器。

为实现网络集成,管理多个接口的终端和路由器必须有一种算法,该算法能根据用户激活的服务或应用选择"最合适"的网络。这个接口的选择可以是自动的,也可以根据首选项(配置、开销等)和/或网络可用性(传输能力、信号水平、误码率(Bit Error Rate,BER)、资源可用性、安全性等)进行选择。

1.3　本章小结

通过对混合网络要点的简要介绍可见,市场和技术已接受了创建混合网络的集成方法和过程。实际上,在用户需求的推动及 Wi-Fi 网络和 3G/4G 移动网络的补充下,新兴混合网络已然存在。然而,这些方法可以视为完全非耦合的,因为尽管一些运营商提供了两种类型网络服务(Wi-Fi 或 3G/4G),即使采用了通用鉴权,或是两种技术提供的更为普适的通用服务,但这些网络也很少会彼此协作。

现在还难以预测这些移动网络的未来。集成入非对称数字用户线路(Asymmetric Digital Subscriber Line,ADSL)盒的飞蜂窝的广泛分布,使得 3G/4G 挤占传统无线网络,成为常用的接入网络。与此相反,互联网移动架构和极高速无线接入协议的演变可能会增加通过传统无线网络接入的难度。另外,从实际来看,鉴于每种接入技术在覆盖范围、速率和服务等方面各具优势,在未来一段时间内,这些接入技术很可能会继续协同发挥作用。但是,尽管面临很多挑战,仍有必要研究这些网络的集成解决方案。

后面的章节将集中探讨要将卫星集成入这些未来混合网络所面临的主要挑战,首先面临的挑战就是地面和卫星网络的服务质量管理架构或新一代混合网络的架构和标准及管理服务质量等问题。

第2章 下一代地面网络服务质量

过去几年里,开展了一些关于标准化互联网协议网络中的服务质量的研究工作。本章根据两种不同信息技术(Information Technology,IT)网络实施前景对应的两种方法,分别介绍 QoS 相关标准和研究。

(1)互联网工程任务组(IETF)方法。互联网工程任务组提供了一系列推动 QoS 实施或整合 QoS 实施要求的标准。IETF 的目标是提供简单和可扩展的机制,在无须从端到端设置通用框架或整体管理结构来确保 QoS 的情况下,将 QoS 逐步引入网络。

(2)下一代网络(International Telegraph Union‐Next Generation Network,ITU‐NGN)方法。国际电信联盟致力于使用单个传输系统促进语音和数据网络的融合,在网络中从端到端实施 QoS。此外,国际电信联盟还提出下一代网络中的 QoS 管理。QoS 管理必须根据这个统一网络上可能使用的不同应用的需求而动态调整。

2.1 互联网工程任务组方法

2.1.1 网络层

互联网的网络层(即互联网协议)是一个简单的面向非连接的协议,为通信网络上所有数据流提供相似的处理过程,不保证传输的可靠性,只提供鲁棒的、大范围的"尽力而为"的服务。

最初,"尽力而为"的服务应用于 IP 网络中,而目前这种服务仍然是互联网业务的主流。这种服务的特色在于,它完全不保证到接收端的 IP 数据包传递的可靠性。因此,这一层提供的服务并不提供服务质量保证。这个初始模型通过传输层和/或应用层来提供大多数端到端服务质量机制。

下面将介绍几种在 IP 层引入服务质量从而保证传输可靠性的互联网工程任务组架构。

1. 集成服务与资源预留信令协议

集成服务(Integrated Service,IntServ)[BRA 94a]提供了一个基于流预留的、包

含两类主要服务及当前的"尽力而为"服务的架构。这两类主要服务可根据数据流对预留的需求,细分成子类。这两类服务的定义如下。

(1)"保证服务"类规定了该服务类型数据流中一组数据包传输的时间上限。数据流流经的每个实体都为该数据流预留出一些资源。因此,本服务可保证延迟、带宽和抖动等参数。

(2)"可控负载服务"用于需要比"尽力而为"服务更好的业务的数据流。

从发送端到接收端的路径上使用了一个信令协议,即资源预留协议(Resource Reservation Protocol,RSVP)[BRA 97],为所请求服务类型的数据流预留所需资源。资源预留协议信息中的流包含以下特性。

①所需的业务类型。

②通常还包括两种类型的数字参数:一个用于描述理想服务质量的RSpec型规范,包括延迟和带宽要求;一个用于描述数据流精确特征的TSpec型规范,包括平均流率、突发大小、峰值信元速率和数据单元长度。

收到发送端发送的资源预留协议信息后,接收端发送资源预留请求。如果预留请求经过的路由器拥有该数据流需要的资源,则会对这些路由器进行设置,从而识别数据流并预留出数据流所需的资源。图 2.1 所示为通过资源预留协议为 IntServ 类数据流预留资源。

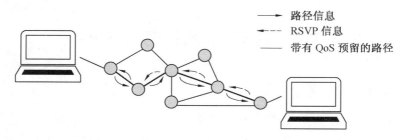

　　　　→　路径信息
　　　　←---　RSVP 信息
　　　　—　带有 QoS 预留的路径

图 2.1　　通过资源预留协议为 IntServ 类数据流预留资源

接纳控制机制根据以下内容决定所要接收的数据流:客户与互联网服务提供商(Internet Service Provider,ISP)间的协议;资源的可用性。

在描述高层会话(如会话描述协议(Session Description Protocol,SDP))的协议和这些资源预留协议间存在标准化联系[CAM 03]。然而,这种联系仅限于能够识别需预留资源的数据流的 IP 地址和端口,这些信息还不足以从服务质量方面准确描绘数据流的特征并确定需要为这些数据流预留的资源。

集成服务提供的依据数据流的服务质量架构有助于严格保证在经过的路径上拥有预留资源的不同数据流的质量。然而,这种架构的大规模部署很快就显现出了其局限性。

实际上,这种架构大规模部署存在的主要问题在于,数据流经过的每个路由器都必须维持一个稳定状态。如果考虑数据流经过的路由器的数量,尤其是传送着成千上万甚至是上百万的数据流的核心网中的路由器数量,则这个架构将会产生超出这些路由器处理能力的负载。

此外,路由器间必须引入复杂通信以交换路由选择信息,这进一步加大了流量负载和复杂度。

这种架构的第三个缺陷与其部署要求有关。实际上,要确保端到端服务质量保证,必须在所经过的所有路由器上实施集成服务机制。即使一些路由器没有提供必要的机制,当路径上的一个路由器出现故障时,也会有相应的解决方案,如使用 IP 隧道技术,但这些解决方案会增加该架构的复杂性,可能使提供的服务质量产生不稳定性因素。

鉴于这种方法有明显的局限性,互联网工程任务组成立另一个工作组创建了消除前述方法不足的新架构。下面介绍这个新架构。

2. DiffServ 区分服务

互联网工程任务组提出了一个按照服务类型进行区分的服务质量架构标准[NIC 98, BLA 98],它可提供比集成服务更简单的大规模部署。

一个网络中端到端架构部署的示例如图 2.2 所示。

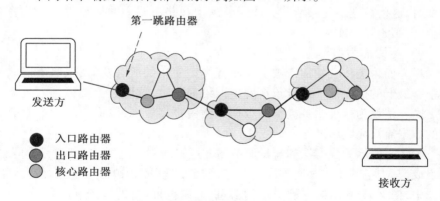

第一跳路由器

发送方

● 入口路由器
● 出口路由器
● 核心路由器

接收方

图 2.2　网络中端到端架构部署的示例

与提供面向数据流的服务质量架构的集成服务不同,区分服务使用有限数量的服务类型实现数据流汇集,从而大大减少了需要维持的路由器状态,尤其是核心网中的路由器状态。实际上,状态的数量取决于服务类型的数量。在正常配置中,服务类型的数量不会超过 14 个(1 个快速转发(Expedited Forwarding,EF)类、12 个保证转发(Assured Forwarding,AF)类和 1 个尽力而为（Best Effort，BE）类）。

数据流分类操作及由此增加的复杂度仅在"区分服务域"的入口路由器中进行（图2.2中的第一跳路由器）。这些路由器中执行的数据流操作比核心网路由器中的要复杂得多，这意味着可能存在巨大的处理负担。然而，这些路由器只需处理有限数量的数据流，因为它们位于 DiffServ 域的前端。因此，这些路由器能够胜任这些处理工作量庞大的数据流分类操作。

区分服务架构这两个不同于集成服务架构的特性简化了这种架构的大规模部署。

区分服务架构主要使用三种服务类型，包括尽力而为类。以下是互联网工程任务组对这些服务类型的描述。

（1）快速转发类[DAV 02]。

快速转发类又称高级类，具有最高优先权，其发送的数据流具有最低的延迟和延迟抖动。这是由于这些数据流在实施该业务的路由器中被优先处理，因此在路由器队列中的等待时间较短。

（2）保证转发类[HEI 99]。

保证转发类指以高度接近于协议定义的流量配置发送数据包。有时，实际发送的数据可能会超过该流量配置。当情形发生时，超过协议定义流量配置的那部分数据就会被重新标记，降低其发送优先级。实际上，在发生网络拥塞时，这些数据最先被清除。该服务类型在路由器中的优先权低于快速转发类，但高于尽力而为类。

（3）尽力而为类。

尽力而为类将会使用未被上述服务类型使用的所有资源，在路由器队列中享有最低的优先权。这导致在发生网络拥塞时，这些数据会被延迟且丢失率更高。建议为这种服务类型的数据流预留更多资源，以避免使用本服务类型的数据流被完全堵塞。

图2.3所示为分类器和流量调节器的逻辑结构。这个结构由一条输入线路组成，其中包含了一个起到决定节点内准确路径作用的分类器。在边界路由器中，根据 IP 数据包中的一系列信息，即源地址、目的地址、端口及协议标识（多字段分类），执行将数据流标记到确定服务类型的操作。该分类假设存在将数据流划分为某项服务类型的准则。计量器判断一个数据包是否具有其服务类型要求的必要性能，然后决定对其的处理。调节器负责调节分组（流量监管、数据包删除等），以使其中的数据都符合规定的配置。数据包随后被导向调度器队列。

综上所述，在 DiffServ 域中，可以保证以下服务质量要求。

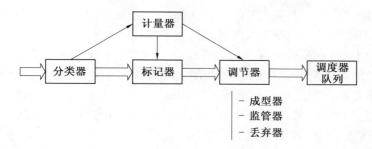

图 2.3　分类器和流量调节器的逻辑结构

①快速转发类保证低延时、延时抖动和丢包率(从而获得高稳定性)。

②保证转发类保证符合配置的数据的高可靠性。它可以保证符合配置的数据流的延时和延时抖动。然而,超出配置的流量的可靠性是不受保证的,这部分流量的路由选择取决于网络中的拥塞情况。

③尽力而为类不保证数据的路由选择。数据的路由选择取决于网络的拥塞情况。

3. IETF IP 层 QoS 总结

显然,存在一些解决方案,可以将一定水平的服务质量引入 IP 层,从而修改该层提供的服务,满足更高层的要求,进而改善应用程序及其用户体验。

然而,尽管现在有对这些 QoS 架构部署的需求,但这些 QoS 架构还未被大规模部署。

对此,可能有以下几种解释。

(1)正如前文所述,大规模应用这类方法具有较大难度,特别是对于集成服务架构而言。

(2)对于区分服务架构而言,在多个域间部署这个方法具有较大难度。在域的边界,可能需要实施较为复杂的链路和流量设计。

(3)缺乏帮助在各层间及在整个网络上传播 QoS 信息的标准。QoS 信息对于 IP 层根据更高层的需求配置 QoS 至关重要,这些信息还有助于创建端到端配置。

互联网工程任务组提议的架构中没有规定该模式中各层间针对 QoS 确定的信息交换的原则。正如我们所了解的,数据流标准分类的执行并没有考虑高层的 QoS 要求,而只是依据可以识别出数据包是否属于同一数据流的元素。因此,第一步必须先选择需要标记的数据流,但互联网工程任务组并没有制定相关标准。

区分服务方法提出了一个折中的解决方案,即带宽代理(Bandwidth

Broker,BB）[NIC 99]。带宽代理记忆准入状态，并根据不同服务类型中的策略和资源可用性，接受或拒绝新的流量请求。带宽代理实施并启用了一个接纳控制算法，用于决定是否允许新的数据流进入网络。在其域中，带宽代理决定是否允许数据流进入，相当于一个策略决策点（Policy Decision Point，PDP），而边界路由器的作用是按数据流要求应用标记、调度和队列管理策略，相当于策略实施点（Policy Enforcement Points，PEP）。为实施经过不同管理域的端到端资源分配，管理一个特定域的带宽代理需要与邻近域的带宽代理进行通信。

因此，宽带代理实现了动态交换需要 QoS 控制的数据流的识别信息，但这个方法仅对数据流优先次序请求有效，所以这个方法虽然允许更高层与网络层通信，却没有解决请求的表述并将其连接到网络层中可用服务的问题。

在多个自治域间部署 DiffServ 架构，确保 QoS 保证满足下一代应用的要求时，需要在客户和服务提供商间建立服务级别协议（Service Level Agreement，SLA）。邻近域及服务提供商和终端用户间必须同样遵守这些协议。后面将会讨论这个问题。

4. 针对服务质量应用的多协议标签交换

目前，IP 网络中的路由选择依据的是数据包的目的地址。实际上，网络中数据包路由的确定唯一取决于目的地址。因此，单单执行这样的路由选择不足以均衡网络中的负载。

为取代这样的基于目的地址的路由选择，互联网工程任务组于 1997 年提出了一项使用数据包标签的技术：多协议标签交换（MPLS）[AWD 99]。多协议标签交换机制允许根据数据包在进入 MPLS 域（管理域）时被加上的标签为数据包选择路由，在数据包离开该域时，这个标签被去除。在 MPLS 域中，路由器唯一根据 MPLS 标签而非目的 IP 地址进行转发。因此，数据包被划分为各转发等价类（Forwarding Equivalence Class，FEC）。在 MPLS 域中，具有相同 MPLS 标签的同一个转发等价类中的所有数据包都遵循同样的网络路径。数据包标签，即所属等价类的分配，根据一系列不同的域来定义，如 IP 报头中的源和目的 IP 地址及协议号，此外还可根据传输层的端口号定义，从而实现了根据有关应用或现有服务级别规范（Service Level Specification，SLS）为数据包加标签。在 MPLS 域中，可以读取 MPLS 标签的路由器称为标签交换路由器（Label Switching Router，LSR）。位于 MPLS 域核心和边界的路由器间存在差异（图 2.4）。在 MPLS 域中，一个给定 FEC 的数据包经过的除入口 LSR 和出口 LSR 外的路由器称为标签交换路径（Label Switched Path，LSP）。

MPLS 标签由多个域构成（图 2.5）：一个编码 MPLS 标签的 20 bit"标签"域、一个可根据 DiffServ 区分业务代码点（Differentiated Service Code Point，

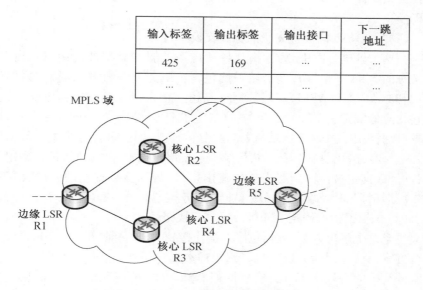

图 2.4　多协议标签交换(MPLS)域示例

DSCP)编码域的 3 bit 优先级域"Exp"、一个 1 bit 的"S"域和一个 8 bit 的"生存期(Time-to-Live,TTL)"域。

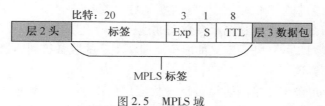

图 2.5　MPLS 域

使用多协议标签交换实施服务质量。MPLS 流量工程是一种控制网络域中流量可能遭遇的拥塞的手段。但 MPLS 不知道流量需要的基础服务类型,因此无法直接支持服务质量。实际上,入口标签交换路由器中的一个多协议标签交换(MPLS)域即曾经的互联网协议数据包与多协议标签交换报文头封装在一起,在 MPLS 域中仅根据 MPLS 报文头中包含的标签决定路由选择,不再检查 IP 报文头。

因此,要让 MPLS 的路由选择符合 DiffServ 架构提出的类型区分,关键是将 DiffServ 服务类型连接到标签交换路径。

乐·福舍尔等[LEF 02]描述了 MPLS 域中 DiffServ 支持的必要机制。他们针对两种类型的标签交换路径提出了以下两种解决方案:根据 Exp 确定优先级的标签交换路径(E-LSP)和仅根据标记确定优先级的标签交换路径(L-LSP)。

(1)根据 Exp 确定优先级的标签交换路径。

在这个解决方案中,为路由选择所应用的服务类型被直接编码到 MPLS 报文头的 3 bit"Exp"中,这个域因此包含了服务类型和丢包概率(丢包优先级:AF11、AF12 和 AF13)。当数据包到达一个入口标签交换路由器时,首先将它相应分配到一个转发等价类,这决定了 MPLS 报文头中的标签,然后通过检查 IP 报头中的 DSCP 区域(假定这已经分配)决定 IP 业务类型。数据包到达一个核心标签交换路由器后,后续节点始终根据 IP 报头中的标签决定。然而,一旦数据包被传输到路由器的输出接口,缓存该数据包的队列及其丢弃优先级即根据 MPLS 的"exp"域(与 IP 服务类型有关)决定。

(2)仅根据标记确定优先级的标签交换路径。

对于这个解决方案,数据包序列被连接到 MPLS 标签本身。MPLS 标签在这个方案中被连接到 DiffServ 服务类,即数据包序列。然而,要获得在一个特定服务类中的丢包概率,需要额外的信息。在这种情况下,这个信息包含在 MPLS 报文头的"Exp"域中。例如,属于 AF1 服务类的数据包拥有同样的 MPLS 标签,但该类中具有不同丢弃优先级的数据包(即 AF11、AF12 和 AF13),根据 MPLS 报文头中的"Exp"域而标记。MPLS 标签无法预先确定,因为它包含有关服务类的信息。因此,实施标签交换路径后,必须使用资源预留协议等信令协议决定这两个参数间的连接。

5. 互联网工程任务组定义的服务质量环境下的服务级别协议和服务级别规范管理

为提供可确保通信网络满足下一代应用(尤其是多媒体应用)要求的服务质量保证,许多研究项目都将客户和服务提供商之间的服务级别协议作为研究对象。两个欧洲项目(AQUILA 和 TEQUILA)对这些协议[SAL 00, GOD 00]的定义和实施做出了很多贡献。

这些项目的目标是产生一个可在优化网络资源利用的同时,针对当前尽力而为网络的新要求,引入一定服务质量等级的框架。这项工作提出了两个域间的协议和服务提供商与终端用户间的协议(图2.6)。因此,这种类型的协议适用于之前描述的需要不同 DiffServ 域间及接入网络和终端用户间协议的区分服务架构(以确保端到端服务质量)。目前已为满足 DiffServ 架构的这个需求开展了工作,如公共开放策略服务-DiffServ 资源分配(Common Open Policy Service-DiffServ Resource Allocation,COPS-DRA)协议[SAL 02]。实际上,DiffServ 架构立足于目前的互联网自治域分区,或是只对单一管理局做出响应的节点组。在"自治域"内,边界路由器(可以直接连接到用户网络或其他域的入节点或出节点)和核心路由器是可区分的。任何希望从域服务获益的客户(运营商或个人)都需要服从运营商协商服务等级协议,该协议包含技术和非技术条款和条件。下面将更具体地阐述服务等级协议的概念。

服务等级协议[WES 01]是客户和服务提供商间协商产生的一个协议,它量化规定了服务提供商向客户提供的服务及对未能交付本服务的处罚。该协议包含描述了所提供服务的 QoS 参数,其技术部分称为服务等级规范[GOD 00]。

图 2.6 所示为用户与服务提供商间协定的服务等级规范(SLA)图解。

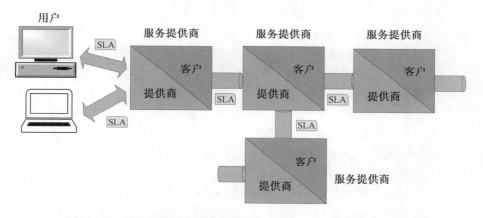

图 2.6　用户与服务提供商间协定的服务等级规范(SLA)图解

可见,网络服务提供商被划分为两个独立的组。

①向终端用户或其他服务提供商提供 SLA 的提供商,它根据可靠性在其域内提供网络服务。

②与邻近域协商服务和资源的客户。

将服务提供商细分为提供商身份和客户身份,有助于确保在端到端中协定协议,从而向终端用户提供服务。

目前没有 SLA 的标准描述,这里给出一系列被广泛认可的 SLA 规范和这些协议的技术部分规范,即服务等级规范中体现的要点,如下所述。

①客户和服务提供商各自的责任。

②如果未遵守服务等级规范中的保证,则应遵从的流程。

③服务价格及发生未遵守协议时的价格减扣。

④发送给客户的有关已交付 QoS 的报告。

⑤客户修改协议的可能性。

⑥对服务等级规范中 QoS 承诺的定量描述,其中包括 TEQUILA 项

目[GOD 00]定义的以下 SLS 信息。

　　a. 服务范围。这个参数描述了受服务交付影响的域。

　　b. 数据流描述。这个参数表明了须应用 QoS 的数据流。

　　c. 流量遵从。这部分描述了为与配置保持一致,流量须遵从的参数。只有与配置保持一致,流量才能从性能参数(将在下一点中描述)提供的保证中获益。

　　与配置一致的参数通常包括峰值速率、描述令牌环配置的参数(速率和突发数据量)、最大数据单元大小、最小数据单元大小。

　　QoS 参数(或称性能参数)限制了服务提供商承诺提供给客户的保证。依照给定的配置,对流量做出了以下八种类型保证。

　　①服务等级规范覆盖的域的输入和输出间的最大延迟。

　　②域的输入和输出间的最大时间变化(抖动)。

　　③域内的最大丢包率。

　　④有关域中的最小带宽。

　　⑤对超出配置的数据包的处理。

　　⑥使用报告衡量服务的方法及报告的频率。

　　⑦服务享有保证的期限。

　　⑧指示未交付服务的最大可能时间和最长修复时间的服务可靠性。

　　为这些协议提供实时自动的端到端管理,从而确保持续服务的挑战之一为在相关域服务提供商的各种有关技术上传播这些协议。针对传播服务等级协议(SLA),有以下两个流量工程相关的方面必须考虑。

　　第一,必须为域与域之间以及通信中的各利益相关者之间约定长期协议,以定义开发 SLA 所须遵循的约束。这个长期协议为端到端服务质量的实施创造了条件。

　　第二,必须考虑短期动态服务等级协议(如一次会话的数据流可能要求使用这种协议)。这些服务等级协议分别对应于一项常规要求,必须引入到所有涉及的域中,用于域与域间长期协议的限制内,并依据特定时间的资源可用性调节相应服务接受的资源。

　　正是第二个方面为服务等级协议的协商带来了高动态性。在这里,传播尤其关键。它的目标在于将服务等级协议中定义的参数转化为通信网络实际配置的参数。在启用对服务等级协议的自动管理时,也必须考虑这个方面。

2.1.2 传输层

在传输层,为提供该层的功能,互联网主要使用了两个协议:传输控制协议(Transmission Control Protocol,TCP)和用户数据报协议(User Datagram Protocol,UDP)。本节将介绍这两个协议提供的服务及具有实时性要求的实时传输协议(Realtime Transport Protocol,RTP),以及互联网工程任务组提出的用于不同服务的传输协议。

1. 用户数据报协议

用户数据报协议(User Datagram Protocol,UDP)提供面向非连接的传输服务。因此,如文献[POS 80]中所定义的,用户数据报协议为实现应用消息或数据报的发送,只需在应用消息或数据报上添加少量的协议功能。

UDP 主要传输的信息元素包括传输服务访问点(Transport Service Access Point,TSAP)(源和目的端口)、UDP 报文长度、UDP 报文头校验和。

UDP 不提供序列号、顺序控制、可靠传输或拥塞控制。因此,UDP 提供面向消息的非连接服务,而不保证数据传输的顺序或可靠性。应用层所需要的任何服务质量控制机制都必须由使用 UDP 服务的应用程序或(高层)协议完成。

UDP 的优势在于不需要执行数据流控制、拥塞控制和连接管理,并可提供快速服务。UDP 主要用于需要控制传输速率或具有实时性要求的应用。

UDP 通常都是连同额外的服务质量控制机制一起使用(如差错控制)。这些额外的机制是通过实时传输协议(Real-time Transport Protocol,RTP)或自身能够提供这些机制的应用实现。

2. 实时传输协议

文献[SCH 03]提出了实时传输协议 RTP,作为对时间约束数据通信的支持,遵循应用层框架[CLA 90]定义的原则。RTP 主要用于互联网中的多媒体应用。RTP 并不是真正意义上的传输层协议,因为它不提供该层通常会提供的服务(RTP 没有规定传输业务的访问点)。因此,RTP 一般都是在传输层协议之上使用,最常见的是在 UDP 上使用。

RTP 实现了具有时间(及 QoS)约束的应用中所需要的时间标签和序列号传输,有助于检测和恢复可能出现的错误、重新排序数据、清除过期数据、同步会话中不同的数据流。

此外,实时传输协议集成了其他类型的信息,用于识别数据流、决定与数据流关联的媒体类型和该数据流各数据单元间的相互依赖关系。

3. 传输控制协议（Transmission Control Protocol，TCP）

第二个传输协议是文献[POS 81]中定义的面向连接的模式，在互联网中应用最广。该协议提供了完全可靠且有序的端到端服务实施机制，包括差错控制和拥塞控制。

TCP 可适应所有具有不同可靠性和容量的底层网络。理论上，它能够达到路径的最大容量，同时确保在使用同样资源的所有 TCP 数据流间平均分配这些容量。当它检测到因计时器到期而导致数据包被丢弃时，它会根据传输窗口应用拥塞控制机制，从而调节传输速率。下面将分析这些应用到特定类型网络的标准机制的局限。

TCP 用于传输需要完全可靠和有序，但没有较严格时间限制的数据流。实际上，传输控制协议为控制拥塞和确保数据段传输的完全可靠性而实施的机制，将会导致不同数据段的传输速率和延迟产生较大的波动。这意味着，如果使用 TCP，实时应用的时间约束将得不到满足。

因此，TCP 并不适用于实时多媒体传输，但非常适用于没有严格时间限制的应用（如邮件、文件传输、网页等）。

4. 从 QoS 的角度总结

从上述内容可以看出，TCP 和 UDP 这两个专用于互联网的传输协议提供了完全不同的服务，现从 QoS 角度对其总结如下。

（1）用户数据报协议。

用户数据报协议提供面向非连接的不可靠、无序的服务，它不实施任何数据流拥塞控制或差错控制机制。UDP 的优势在于，作为一个简洁型协议，它以可能导致网络拥塞为代价，实现在不限制底层网络状态或类型的情况下传输数据。对于应用会话的服务质量约束，使用本协议并不能向应用提供完整而有序的数据传输，因为在通信系统中，数据可能会被丢弃或出现乱序。也就是说，该传输服务不保证可靠性和顺序。

（2）传输控制协议。

传输控制协议提供面向连接的模式，它及时调整适应网络的状态，向应用会话提供可靠、有序的传输服务。然而，TCP 的可靠性、顺序、速率和拥塞控制机制可能会对使用该协议传输的数据流的 QoS 时间约束产生不利影响。实际上，它并不能保证给定的传输速率。

5. 互联网工程任务组提出的传输协议

互联网工程任务组新提出的传输协议提供了可替代目前互联网上流行使用的传输控制协议和用户数据报协议的服务方案。最重要的是，这些传输协议提供了介于 TCP 和 UDP 间的 QoS 等级。其中的两个主要协议流控制传输协议(Stream Control Transmission Protocol,SCTP)[STE 00]和数据报拥塞控制协议(Datagram Congestion Control Protocol, DCCP)[KOH 06]提供了比目前 TCP 和 UDP 所提供的"全有或全无"选项更多样化的服务。

(1)流控制传输协议。

流控制传输协议提供了多流机制,允许将应用数据分为多股可在之后独立传输的数据流。多流中每股不同的流都具有唯一的序列编号,但数据流内遵守顺序约束。因此,如果检测到其中一股流被删除或出现无序,其他流的数据传输不受影响。

(2)数据报拥塞控制协议。

数据报拥塞控制协议提供了不可靠但受针对数据报流的拥塞控制机制调节的传输业务。该协议允许使用简单的不可靠 UDP 型服务,但增加了与 TCP 中类似的拥塞控制。因此,它将对网络中可能发生的拥塞现象做出反应。

2.1.3　会话和应用层

1. 会话描述协议

互联网上最广泛用于描述多媒体应用的一个协议是会话描述协议(Session Description Protocol,SDP)[HAN 98],它由会话控制协议传输、会话初始化协议(Session Initiation Protocol, SIP)[ROS 02a]、实时流协议(Real Time Streaming Protocol, RTSP)[SCH 98]、会话通告协议(Session Announcement Protocol,SAP)、超文本传输协议(Hyper Text Transfer Protocol,HTTP)或简单邮件传输协议(Simple Mail Transfer Protocol,SMTP)组成。

下面介绍该协议,尤其是该协议传输的、为几乎所有分布式应用所使用的信息(一些应用还使用了属性会话描述协议)。

会话描述协议,如互联网工程任务组的多方多媒体会话控制工作组(Multiparty Multimedia Session Control,MMUSIC)所定义的,旨在描述多媒体会话,以便通告会话、发送会话邀请或启动多媒体会话。然而,它没有描述应用间 SDP 消息交换的方式。因此,以上所引述协议(会话初始化协议等)致力于控制数据的初始化和路由选择,为会话描述协议提供支持。

SDP 可通告多播型会话,还可提供单播型会话初始化所需的信息。描述多媒体会话不同组分的 SDP 消息中包含的信息如下。

(1)会话名称及其对象。

(2)会话长度。

(3)组成会话的不同媒体及其媒体类型(交互式音频、视频等)、媒体格式(H. 261 视频、MPEG 视频、GSM 音频等)。

（4）用于传输媒体的传输协议（实时传输协议、用户数据报协议、互联网协议和 H. 320 协议）。

（5）有关这些媒体接收的信息（地址和端口）。

（6）会话所需带宽（可选）。

因此，可以看出应用间将会交换媒体类型的有关信息。但会话所需的真正 QoS 等级是无法明确给出的，因为只有会话的带宽可以按意愿规定。此外，媒体格式也是已知的。

从 QoS 协商的角度看，互联网工程任务组标准主要建议了[ROS 02b]以请求/应答模式实现会话中将使用的两个媒体格式实体间的交互，这个交互可能只是比较了交互的终端实体间的媒体格式。另外，这些决定可能反映出通信系统的限制，但 RFC（Request for Comment）中没有开发这个意义上的协商场景。当存在关于网络拥塞的反馈，需要重新交互组成会话的数据流时，将会涉及这个问题。

然而，描述一个 SDP 会话的信息明显限制了通信系统中 QoS 协商和实施的可能性。实际上，在这个会话描述符中，确定会话流的准确性要求所需的参数（速度、可接受抖动等）仅有部分被交换，从而减少了 QoS 的交互和根据高层要求的通信系统的可能配置。

SDP 最初的目的在于通告和初始化会话，并没有考虑这些会话间的可能协商。这意味着，SDP 对于目前的许多应用场景都不适用。实际上，有一些新应用需要更高级的会话描述和依据可用容量的预先协商（如编解码器类型、特征、传输特征等）。

2. 会话初始化协议

会话初始化协议[ROS 02a]独立于传输协议和即将建立的会话，使用文本格式消息来配置、管理和终止多媒体会话，这些会话可以是单播型或多播型。SIP 使用的会话初始化消息促使参与者就会话中使用的媒体格式达成一致。通常，此类媒体描述由会话描述协议给出。

SIP 标准通过给予网络中任何位置的终端用户独特的 SIP 地址，创建由网络实体（代理）组成的基础架构。用户将会依此被记录到代理中，并通过这些代理启动会话。

图 2.7 所示为会话初始化协议基础会话。SIP 通过交换 INVITE（邀请）、RINGING（振铃）、OK（成功响应）、ACK（确认）和 BYE（终止）等消息执行会话控制协议的传统功能。

定义的 SIP 架构有助于传递记录、定位和重定向各种会话业务。下面详

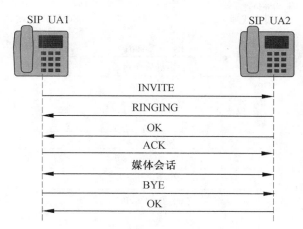

图 2.7　会话初始化协议基础会话

细描述该架构的构成及其各部分的作用。

（1）用户代理是终端用户的应用。例如，用户代理可以是一个基于 IP 的电话或视频会议终端、一个音频或视频服务器，或一条指向另一个协议的路径。它可以细分为客户端和服务器端。客户端也称为用户代理客户端（User Agent Client，UAC），它发送 SIP 请求；而服务器端也称为用户代理服务器端（User Agent Server，UAS），它负责接收请求（或远程客户端的响应）。

（2）注册器允许用户通过交换它们的会话初始化协议、唯一资源标识符（URI）和 IP 地址，识别自身并在"SIP 域"中注册。

（3）位置服务器访问注册器更新的数据库，随后建立 SIP、URI 与 IP 地址间的对应关系。

（4）重定向服务器通过提供替代 SIP、URI，帮助对话者定位可以到达的地址。

（5）代理通过修改第一个 SIP 消息（INVITE），促使会话中接下来的 SIP 消息被代理转发，从而在没有维护会话状态（无状态模式）或保留会话进展状态（有状态模式）的情况下转发 SIP 信令。当连接到结算业务时，这个机制可发挥最大效用。

扩展 SIP[CAM 02] 实现了会话初始化过程中 SDP 描述的传输和交互，提供了 QoS 实施的有关机制。该标准中规划了会话初始化或重新协商过程中的 QoS 预留阶段（图 2.8）。

然后可以结合 SDP 的请求/应答会话（见 2.1.3 节）和该 SIP 机制，协商一个会话中的媒体格式和 QoS 实施，但这些扩展 SIP 并没有规定 QoS 预留阶段的内容。

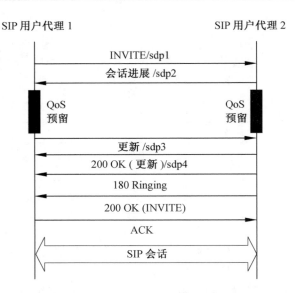

图 2.8　根据[CAM 02]集成了服务质量预留的 SIP 会话初始化

　　SIP 目前主要实现语音/视频/数据业务的集成,服务层、控制层和传输层形式上的隔离,同时提供各层间的标准化协议和应用接口。它所具有的通用性、开放性、灵活性及分布式架构使得它成为一个能够统一下一代网络并真正支持大多数开放利益相关者的模型。第三代合作伙伴计划采用 SIP 作为通用移动通信系统(Universal Mobile Telecommunications System,UMTS)网络的 IP 多媒体子系统(IP Multimedia Subsystem,IMS)[ETS 05a]中应用的呼叫和调用控制协议,实现了该愿景。

2.1.4　QoS 信令

1. 下一代信令

　　互联网工程任务组下一代信令(Next Step in Signaling,NSIS)小组首先致力于用 QoS 信令标准化通用 IP 信令协议。本节介绍文献[HAN 05]中定义的协议的诸多概念和通用功能。该工作小组定义了一个两层信令架构。工作小组一方面想使用资源预留协议的机制,但另一方面又希望简化这个机制,同时提供更为通用的信令模型。为遵循块操作的方法,该双层模型分离了信令传输和信令应用。为此,协议栈被分为两层,即一个通用的低层和一个特定于信令应用的高层,这促进了可为不同业务或资源(如网络地址转换(Network Address Translation,NAT)、通过防火墙及 QoS 资源)提供信令的信令协议的发展。

NSIS 在数据流的网络路径上传输数据流的有关信息,并与经过的节点进行交互。因此, NSIS 消息与数据经过相同的节点,它们的目标是在不必进行端到端部署的情况下,在诸多互联网路径上针对不同需求具备可用的协议。

在传统的信令架构中,接收、处理和发送消息的信令实体(Signaling Entity,SE)可能位于数据路径的节点上,也可能位于不构成数据路径的节点上。有以下两种可能的信令架构。

(1)分布式架构。其中信令实体全部位于数据路径上的节点(如路由器)。

(2)集中式架构。其中信令由信令实体管理。这个架构减少了该域中核心节点上的信令负载。

为构成 NSIS 所需的模块性,双层协议族包含如下协议。

(1)NSIS 传输层协议(NSIS Transport Layer Protocol,NTLP)。又称通用互联网信令传输(General Internet Signaling Transport,GIST)[SCH 06],它在网络实体间传输信令消息,这个过程必须独立于信令应用。

(2)NSIS 信令层协议(NSIS Signaling Layer Protocol,NSLP)。包含了信令应用的特有功能(图 2.9),这个双层协议模型实现了对不同信令应用的使用,如 QoS 信令[MAN 05]、网络地址转换信令及防火墙[STI 05]。

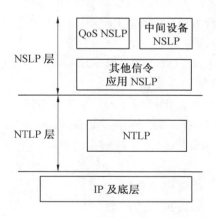

图 2.9　信令协议架构

GIST 层传输信令消息:GIST 提供连接模式和数据报模式(C 模式和 D 模式)两种工作模式。当消息准备传输时,消息带着相应数据流的有关信息,被发送到 GIST 层,GIST 层进而将消息传输到路径沿线上的下一个网络元素(Network Element,NE)。在图 2.10 所示通过异构 NSLP 应用的信令中,网络路径上的第一个网络元素包括传输层 NTLP 和 NSLP1。NSLP1 生成信令消息,发送到本机的 NTLP 层,从而将信令消息传输到目的流。在第二个和第三个网络元素中, NSLP 层不存在,或与第一个网络元素中的不同。这个消息随后未经 NTLP 传输层的处理便被转发。最后,信令消息到达最终的网络实体,在这里 NSLP 信令应用与第一个网络实体中的相同。NTLP 传输层由此获得消息,传输到 NSLP 层中,在此进行相应的处理。

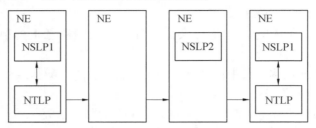

图 2.10　通过异构 NSLP 应用的信令

　　在 QoS 信令情况中,应用了 NSIS 基础概念,并添加了信令过程的方向,从而使信令流的一个端点负责预留资源。

　　本框架因此定义了如下的诸多额外实体。

　　(1)QoS NSIS 发起者(QoS NSIS Initiator,QNI)。(一般在应用请求触发下)发出资源请求的信令实体。

　　(2)QoS NSIS 响应者(QoS NSIS Responder,QNR)。作为终端信令元素的信令实体,可与应用交互。

　　(3)QoS NSIS 转发者(QoS NSIS Forwarder,QNF)。QNI 和 QNR 之间、在网络中传播 NSIS 信令的信令实体。

　　每个实体都与高效分配网络资源(路由器中的缓冲、带宽、监管和流量控制)的资源管理功能(Resource Management Function,RMF)交互。

　　QoS 信令层(QoS NSLP)包含一系列在信令路径上预留资源的消息,主要如下。

　　(1)“请求”消息。为流创建预留。

　　(2)“修改”消息。修改现有的预留。

　　(3)“释放”消息。删除现有的预留。

　　(4)“接受/拒绝”消息。确认或拒绝 QoS 预留请求。

　　(5)“通知”消息。报告网络中删除的事件。

　　(6)“更新”消息。连接状态管理机制。

　　消息可以在 QNF、QNI 和 QNR 节点上发送或接收。例如,位于网络边界的 QNF 为经过该域的数据流配置资源。对于响应节点是否可在配置期间或之后释放或修改预留,不做明确规定,而是取决于有关资源类型的授权和特征。QoS NSLP 中的"Refresh"消息不修改预留,但实现了预留生命期的扩展,并提供了状态管理机制。

图 2.11 所示为数据路径上传统 NSIS 的一次资源预留信令过程。

图 2.11 数据路径上传统 NSIS 的一次资源预留信令过程

NSIS 信令层本身并不涉及具体的资源管理或分配技术,但对 QoS 预留中的 NSLP 层的定义涉及接纳控制概念。对于 NSLP QoS 层,成功的信令对应于网络中可用总资源预留部分的容量,RMF 负责供应、监控和保险功能。在这个模型中,NSLP 是 RMF 的客户端。需要指出的是,RMF 可以转变为另一个 NSLP 元素的客户端,从而在网络中有效地实施资源预留,这一点对于多层信令来说至关重要。例如,对于两层信令,高层信令负责端到端的互联网服务质量,而低层信令负责有关网络各边界间更具体的域内服务质量。

2. 公共开放策略服务

互联网工程任务组将公共开放策略服务(Common Open Policy Service,COPS)[BOY 00]定义为基于策略的网络(Policy Based Network,PBN)中的标准交易协议。这个协议也可以与其他信令协议一起使用,从而实施服务质量(将 COPS 与 RSVP 或 NSIS 结合使用)。

策略控制架构[YAV 00]是在管理域内自动部署策略的一个新方法,策略包括对网络资源访问的系列监管、管理和控制规则[WES 01]。每个策略对应于一组条件,如果满足这些条件,将有一系列与之关联的动作被执行。为在不同的管理域中使用这些策略并简化这些策略在整个网络中的部署过程,IETF 策略工作组定义了一个策略核心信息模型(Policy Core Information Model,PCIM)[MOO 01],下面对其进行详细介绍。

当应用到网络环境中时,一般策略定义中须包含以下三个概念。

(1)策略规则抽象。根据网络架构,一个策略可存在于从业务对象到配置参数的不同层中。这些不同抽象层间的转译可能需要信息而不是策略规则,如网络配置可能性和有关终端系统。

(2)定义动作的策略。这种类型的策略定义了当本规则所定义的条件统一时,为确保遵守策略规则所必须完成的动作,以及可能会影响和/或配置通信网络中的流量和资源的一个或多个动作的执行。

（3）定义条件的策略。这种类型的策略描述了需要处在的状态和/或确定有关策略规则的相关动作是否必须执行的必要先决条件。

PCIM 中提出的框架使用了这三个概念，并给出了一个面向对象的信息模型。在这个信息模型中，依据以下一系列需要在相应动作执行前验证的条件，从而应用该策略。

（1）策略规定的相关条件集指明了规定的可用性，这组条件可以用连接或反意连接的形式表达，这些条件可能单独存在，也可能组合存在。

（2）如果策略规定的相关系列条件为真，则对对象执行一系列动作，然后这个对象可能仍保持原来的状态，也可能因此而转向新的状态。

为在各策略规则间实行分层方法，引入了策略规则组，将一系列规则集合在一起。可以将这些组结合在一起，代表策略分层。

本框架还引入了优先级概念。实际上，策略规则的执行可以排出优先次序。这种优先级方法的优势在于，它在总体策略中表达了一般规则和一些具体期望。

该框架中也定义了角色的概念，这个概念将一系列策略附加到通信网络中具有相同角色的实体。

PCIM 方法提出的不同概念流程图如图 2.12 所示。

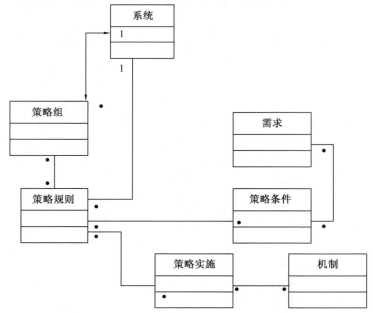

图 2.12　PCIM 方法提出的不同概念流程图

　　由此,针对 QoS 的实施,提出了本模型的分层分解,以便从以下方面抽象出 QoS:应用域(如 QoS 和安全)、使用的技术(如 DiffServ 和 IntServ)及设备的制造规范(如思科和朗讯)。例如,对于 QoS 实施策略,DiffServ 网络运营商从这些不同的抽象策略规则 SLA 进行推断,随后转译为路由器的通用配置命令,进而转译为有关路由器的具体命令序列。

　　这个架构使用了不同的模块(图 2.13)。

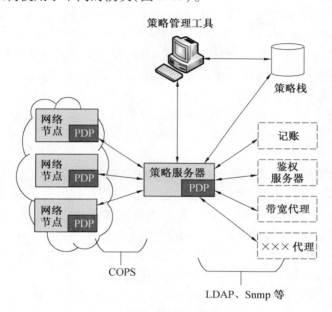

图 2.13　策略控制架构

　　如图 2.13 所示,PCIM 框架中的 COPS 方法使用角色的概念定义了两个主要角色——"策略决策点(Policy Decision Point,PDP)"和"策略实施点(Policy Enforcement Point,PEP)",以及二者间的通信协议。

　　①策略决策点是逻辑实体,它为自身及所有表达某种需求的网络元素做出决策[YAV 00],一个规则服务器包含一个 PDP。

　　②策略实施点也是一个逻辑实体,它应用或执行决策,并将高层规则映射到不同设备的配置指令中。

　　③公共开放策略服务是一个基于 TCP 的简单请求/响应协议,它被用于在 PDP 和其客户端(即 PEP)间交换策略的有关信息[BOY 00]。

　　此外,QoS 的实施可以分解为以下应用组成。

　　①存储资源管理规则的策略库。

②增加新规则和移除旧规则的策略管理工具。

③集中网络中带宽资源状态的带宽代理。

在基于策略的架构中有以下两种管理模型。

(1)外包模型[HER 00]

外包模型中 PEP 请求 PDP 根据 PEP 没有的规则决定对一个事件的响应。这个模型通常与端到端信令协议(RSVP 型)联合使用。例如,PEP 实体上指示的"资源预留"事件可能要求接受/拒绝决策,PEP 通过发送明确的"请求"型消息,向 PDP 请示对此的决定。在数据交换之前,PEP 必须向其主管 PDP 打开并标识一个 TCP 连接(端口 3288)。PDP 根据网络资源状态和域的策略,衡量决定是否可接受这个请求。该 PDP 发送"决定"型消息,作为对 PEP 的响应,这个消息规定了可实施的配置。当 PEP 建立新的配置后,必须通知 PDP,PDP 随后可根据新的基于决策的消息修改或更新配置信息。对于每个决策,PEP 都将移除已命名的配置,并向 PDP 发送确认消息。

(2)配置模型[BOY 00]。

配置模型中 PDP 使用新的网络使用规则(新 SLA 的实施、改变管理规则、时间/日期、配额终止等)准备设备的配置。在没有明确需求的情况下,PDP 向 PEP 发送配置信息,PEP 将在必要时应用这些策略,无须进一步通知。这个模型的特点是通过最少的信令控制对网络的使用(如 DiffServ)。在这个模型中,一般会预先分配资源,这样可以尽可能地减少 PDP 和 PEP 间的交互。

因此,COPS 得以在 PDP 和 PEP 间透明地传输对象。每个对象都由类实例组成,其格式和属性由一个被称为策略信息库(Policy Information Base,PIB)的树状数据结构定义。因此,这个协议很容易扩展,(通过 PIB)可为不同类型策略提供可重复使用的通用类。DiffServ PIB[CHA 03]定义了可供 PEP 通知 PDP 其容量的容量表和 DiffServ 包不同处理功能的参数语法。

2.2 国际电信联盟的下一代网络

2.2.1 原则

目前,通信架构逐渐演变成基于 IP 的一般基础设施:下一代网络。可以说是 IP 的强大集成能力促成了这样的演变。IP 提供了独立于底层网络技术类型和传输数据类型的路由选择方法。因此,电信运营商的目标在于通过 NGN,在可以容纳异构网络技术的单一基础设施中,产生多种业务(电话、电视和互联网业务)的支持。

ITU 内部有关这些网络集成的标准化工作正在进行中,传统电信网络向着完全的 IP 网络演变。实际上,致力于 NGN 的工作小组目前正在标准化新一代集成异构网络,尤其是无线接入网络的通用架构,从而实现语音和数据网络的集成。

不同类型的访问网络及 ITU 希望集成到统一架构的相关技术如图 2.14 所示。其表明了不同接入网络的移动性和根据有关移动性类型时这些网络可提供的数据速率。

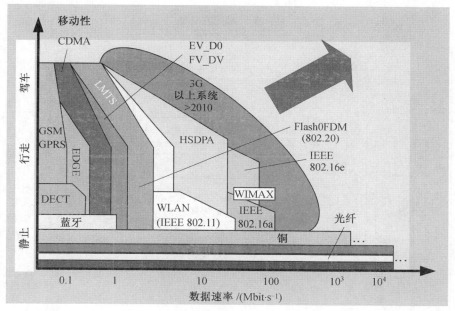

图 2.14 不同类型的访问网络及 ITU 希望集成到统一架构的相关技术

为提供一个统一网络来将现有电信基础设施和新的电信基础设施集成到一个统一、通用、灵活、不断演进的基础设施中,定义 NGN 的实体,ITU-T (ITU 电信标准化部门,它目前结合使用了这些方法)明确了相关要求,这些要求可以总结为以下五点。

(1)数据传输向包方式演进。

(2)为所有类型接入网络和业务提供单一、共用的核心网络。

(3)在每个层间建立开放、标准化接口,以使业务独立于网络。

(4)支持多种接入技术。

(5)提供多终端支持(模块化、多模式、多媒体和适应性)。

在核心网络向"全 IP"演进后,最重要的理念仍然是通过开放接口分解成独立的功能模块,通过为新服务提供互联和集成设施来确保可扩展性和灵活性。

在当前阶段,NGN 的概念还没有一个确切定义。但 ITU-T 正试图提供多网络、多业务、多协议和多终端 NGN 的特性和通用架构。实际上,已经提出了使用端到端 IP 协议和集成异构网络的架构,它们基于网络服务分离,即数据传输与传输管理的分离。

这个通用架构(图 2.15)分解为两个主要层:一个服务层和一个数据传输层。

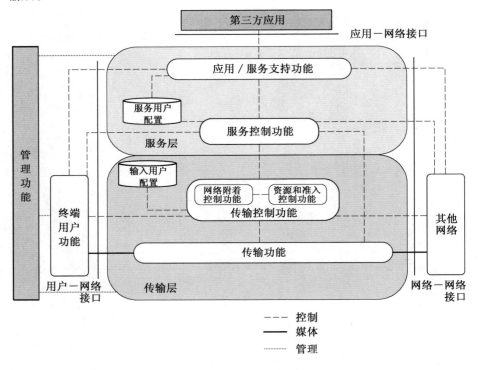

图 2.15 ITU 的 NGN 通用架构

向一个统一网络收敛的目标之一在于能够使用单一传输管理确保异构网络中的端到端 QoS 保证。为此,NGN 的通用架构集成了端到端 QoS 实施的系列相关功能。

下面详细介绍 ITU-T 定义的 NGN 通用架构提供的各种功能。

2.2.2 传输层

传输功能连接 NGN 中的各个组成部分和功能。这些功能不仅对数据传输提供支持,也对控制和管理信息的传输提供支持。

因此,传输功能如下。

(1)接入网络功能。包括用户对核心网络的访问功能和用户流量 QoS 机制的实施,如对缓冲、数据包过滤、流量分类、标记、流量整形与调节的管理。

(2)边界元素功能。用于处理来自不同接入网络并聚集进入核心传输网络的流量,这些都是针对 QoS 和流量控制的支持功能。

(3)核心网络功能。负责确保核心网络中信息的传输,提供了区分核心网络中传输质量的方法。

(4)网关功能。提供了与终端用户功能及其他网络(如互联网用户等)交互的可能性,这些功能直接由服务控制功能或传输控制功能中介控制。

传输控制功能包括以下两个模块。

(1)资源和接纳控制功能(Resource and Admission Control Function,RACF)提供了 QoS 控制,包括通过接入网络和核心网络的资源预留和接入控制。其他与安全有关的功能也由这个模块提供。接纳控制要求根据以下一系列参数验证授权:用户配置文件、SLA、特定于运营商的策略规则、接入和核心网络中的服务优先级和资源可用性。

在 ITU-T 定义的 NGN 架构的核心,资源接纳控制功能在服务控制功能和传输功能间起资源协商与分配的作用。RACF 与基于会话的应用(如 SIP 呼叫)及非面向会话但出于安全或 QoS 考虑需要资源控制的应用交互。RACF 因此与传输功能交互,在传输层控制以下功能中的一个或多个:流量分类、流量标记、流量成型和调节、优先级建立、资源预留和分配、地址和端口翻译、穿越防火墙。

RACF 也与网络接纳控制功能(Network Attackment Control Function,NACF)交互,以验证用户配置及其设置的 SLA。

(2)NACF 包含用户注册、认证、鉴权和参数配置。

实际上,NACF 在接入层提供了注册功能和用户接入 NGN 服务的功能初始化,这些功能实现了在网络层的识别和认证。NACF 也会告知用户支持 NGN 应用和服务的连接点。NACF 提供的详细功能如下。

①动态分配 IP 地址和用户设备配置所需的其他参数。

②在 IP 层(及其他可能的层)进行认证。

③基于用户配置,给予网络接入权限。

④基于用户配置,进行接入网络设置。

⑤在 IP 层进行定位管理。

传输用户配置功能属于数据库,它将用户信息和控制数据纳入传输层中的一个用户配置文件中。这个数据库可分布于 NGN 中的多个位置。

2.2.3　服务层

服务层定义了以下三个主要模块。

（1）服务控制功能。包括服务层会话的控制、注册和认证。这些功能还可能包含对服务信令层上专属资源和网关的媒体资源控制功能。

（2）应用/服务支持功能。包括网关、注册、认证和鉴权等应用层的功能。这些功能与服务控制功能协同发挥作用，为用户和分布式应用提供商提供所需的增值。这些功能和用户间的通信接口是用户–网络接口（User-to-Network Interface，UNI），而这些功能和应用间的接口是应用–网络接口（Application-to-Network Interface，ANI）。

（3）服务用户配置功能。将用户信息和其他控制数据汇集存储在数据库的用户配置文件中。

2.2.4　管理计划

管理是 NGN 操作的一个基本元素。管理功能提供了管理 NGN 的可能性，从而可提供具有所期望的质量、安全性和可靠性的服务。这些功能分配到每个功能实体，与网络实体的管理模块、网络一般管理和服务管理的功能实体交互。管理功能应用到 NGN 的服务层和传输层，涵盖了这两层的以下功能：差错管理、配置管理、兼容管理、性能管理、安全管理。

2.3　本 章 小 结

本章介绍了地面网络中 QoS 管理和实施的最新技术，主要讨论了两个方法，分别是 IETF 针对互联网标准化的方法和 ITU–T 针对 NGN 标准化的方法。

QoS 的不同定义方法与标准化的不同类型有关。因此，IETF 严格审视并定义了可通用的协议，从而在网络中提供 QoS 服务，而 ITU 更关注使用其他已定义的机制构建 QoS 的架构。

QoS 定义方法的不同与这些小组的组成也有关系，因为 IETF 中主要是互联网构建者和利益相关者（尤其是提供商），而电信运营商对 ITU 有着显著影响。可以看到，一些利益相关者寻求对 IMS 架构等的控制以提供增值服务。

因此，在开放环境中，可通过使用分布式方法（这更符合 IETF 的愿景）或运营商自身更为集中化的方法（ITU 方法）确保 QoS。

正如有关卫星网络与下一代地面网络集成的章节所讨论的，这两个架构间存在诸多联系。

第 3 章将介绍卫星网络中 QoS 的实施,特别介绍目前在本领域中应用最多的 DVB-S2/RCS 网络。

第3章 DVB-S/RCS 卫星网络中的服务质量

地球静止轨道(Geostationary Orbit, GEO)卫星被用于广播服务已有一段时间。如今,"卫星团队"正致力于将其作为地面基础设施的一项补充技术,用以支持地面网络无法覆盖到的地区的宽带交互服务。他们提出的改进均旨在克服卫星网络中的主要问题,包括如下问题。

(1)设备和卫星成本高。

(2)延迟时间大(直接通信中无法压缩的 500 ms 的传播延迟)。

(3)带宽窄且昂贵。

首要的改进之一是卫星团队为显著降低设备成本,为用户提供合理的服务价格,促进运营商、业务提供商和制造商间的竞争而采用和规定了接口及开放标准。目前欧洲广泛流行的数字视频广播-卫星(DVB-S)标准的成功及接收终端的广泛分布有力地证实了该趋势。SatLabs 小组对数字视频广播-通过卫星返回信道[ETS 09a]①的标准化及为实现设备的互操作性而付出的努力也直接呼应该趋势。

DVB-RCS 凭借其在卫星终端上提供的卫星返回信道,支持对宽带多媒体服务的交互式访问,其优良特性明显超越了其他承载地面返回信道的卫星系统。

最近涌现出的无数先进技术进一步提高了将双向卫星系统作为接入网络的可能。由于波束覆盖面积减小,因此使用 Ka 波段(27 ~ 40 GHz)的卫星网络将不仅获得更宽的带宽(与极度拥堵的 Ku 波段相比),还允许降低用户终端和天线的尺寸。而在此之前,Ka 波段的使用在很大程度上受到天气条件的约束。

由于在透明或再生框架中使用多波束覆盖时,其经常被尽可能地重复使用,因此可使容量获得后续增益。与再生负载结合使用可使多波束覆盖提供更大的互联灵活性,优化资源的使用。

最后,在 DVB-S 的基础上提出来的 DVB-S2 标准[ETS 09b]提供了更加适用

---

① ETSI 网站(http://www.etsi.org/WebSite/Standards/Standard.aspx)提供有关这些 ETSI 标准的免费咨询,请通过文件编号搜索。

于新型多媒体应用所需的点对点服务的编码和广播技术,应答器的容量提高了 100% ~ 200% 。这些演变表明,在未来接入技术领域,卫星网络有着不可忽视的作用。

在详细分析传统双向卫星架构赖以建立的 DVB-S 和 DVB-RCS 标准前,本书将先深入分析这些架构的主要组分和功能。

3.1　双向卫星接入系统

无论采用何种实施方式,宽带多媒体卫星系统都可分解为以下三部分。

(1)用户段。该部分包含一个集成了卫星接入功能的返回信道卫星终端(RCST 或 ST),确保用户设备与卫星网络间的互联。

(2)空间段。该部分包含一个或多个卫星。

(3)地面段。该部分包含一个或多个与地面核心网络互联的网络控制中心(Network Control Center,NCC)和网关。

传统的透明星形卫星接入网络及其在互联网等基础设施中的集成如图 3.1 所示。

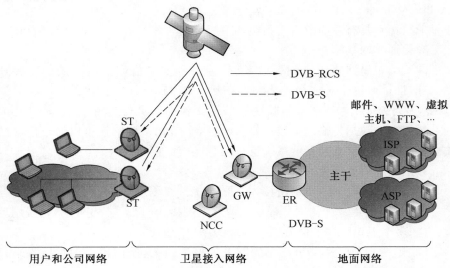

图 3.1　传统的透明星形卫星接入网络及其在互联网等基础设施中的集成

网关集中了卫星网络中的所有业务。从卫星终端出发的所有连接都指向网关,形成星形结构。因此,在前向信道(GW→ST)上,网关依据 DVB-S 发送数据;而在返回信道(ST→GW)上,网关依据 DVB-RCS 接收数据。也就是说,网关在前向信道上汇聚了来自互联网服务提供商的业务,它具有两个用以管控卫星资源的管理模块,即网络管理中心(Network Management Center, NMC)和网络控制中心,这些模块负责管控卫星终端对卫星资源的访问,这些模块包含在网关中。若是采用再生配置,则这些模块独立于网关被统一成单个模块。一个卫星网络集线器一般至少包含三个模块:网关、NCC 和 NMC。

卫星终端在空间段中充当接入路由器,将用户业务汇聚到返回信道。它们依据 DVB-RCS 发送数据,依据 DVB-S 接收数据。其与网关的管控模块交互,从而获得网关管控模块的配置参数及卫星资源。

1. 访问连接和连接网格

宽带多媒体卫星网络涉及以下两种类型的交互。

(1)访问连接(GW-ST)。它允许用户连接到一个卫星终端,再通过网关接入互联网(或其他网络);

(2)连接网格(ST-ST)。它允许用户通过网关,或通过卫星直接连通 ST 和 ST,连接到属于同一个卫星网络的卫星终端。

有多种配置可支持这些连接。欧洲电信标准协会(European Telecommunication Standards Institure, ETSI)的宽带卫星多媒体(Broadband Satellite Multimedia, BSM)工作组划分出多个结合文献[ETS 01]中定义的网状或星形结构和具有透明或再生负载的卫星系统[ETS 05]。

2. 星形和网状拓扑

同一个卫星网络中,网状架构支持连接到卫星终端的用户间的直接通信,一般都是通过非对称交换实现。在星形架构中,所有的数据交换都是通过网关这个中心站实现的,因此这些数据交换本质上是对称的,只是从网关到卫星终端的数据传输速率更快。然而,这个星状架构同样可以通过借由网关在卫星终端间建立间接连接来支持网状连接。

3. 透明或再生卫星

卫星可通过以下两个信道接入互联网。

(1)前向信道。即从服务提供商或互联网接入(也就是从网关)到占用卫星,再到多个卫星终端上部分广播容量的用户的信道。

(2)返回信道。从卫星终端到网关的信道,在这条信道上卫星接收来自不同卫星终端的信息,展现了一定的汇集能力。

这两个信道上采用不同的资源共享管理策略。网关独占前向信道上的资源,而返回信道上的资源由所有卫星终端共享。ETSI 规定了两个标准,其中针对前向信道的标准为 DVB-S,针对返回信道的标准为 DVB-RCS。这样,便可清楚负载是透明的还是再生的。根据卫星的有效负载类型,若为透明负载,则 DVB-RCS 信号向 DVB-S 信号的转换发生在地面的网关中;若为再生负载,则 DVB-RCS 信号向 DVB-S 信号的转换发生在卫星上。图 3.2 所示为透明卫星和再生卫星的卫星终端间通信。

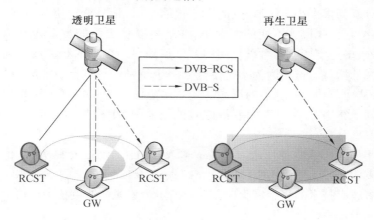

图 3.2　透明卫星和再生卫星的卫星终端间通信

DVB-RCS 标准规定,上行链路(指向卫星)和下行链路(从卫星发出)必须使用不同的频率。

因此,在透明模式中,卫星的转发器①充当简单的中继器,它接收由上行链路预先确定的信道,转换其频率,并将信道返回到下行链路中。载波的振幅和频率将发生改变,但其调制和频谱形状保持不变。

再生模式中的转发器功能与上面相同,此外还包含一个星上处理器,负责信号的数字化处理,以赋予解复用/再复用卫星中数据流的能力,称为星上处理(On-Board Processing,OBP),有时也称再生负载与再生卫星。这项技术减少了卫星终端间的传输延迟,与多波束结合使用,有助于优化卫星资源管理。

尽管卫星终端间通信的交互性能现已提高,但却是以牺牲卫星的简易性和成本为代价的。

4. 单波束和多点波束卫星

每个信道可以由其发射和接收区域来定义。这些不同的区域提供了与

———————

①　转发器:卫星中内置的中继器,它接收预先确定的信道上上行链路的信号,将其转换为下行链路的频率,并返回到下行链路中。转发器和一个或多个发射器天线关联,通过它们的形态和方向,定义发射波束的覆盖区域。

一组共享相同服务的终端卫星类似的处理功能。一个点即描述一个覆盖区,通常与一个或多个转发器关联。大多数传统卫星通常都是单波束的,这意味着这些覆盖区涵盖面积尤为广阔。使用多个小直径波束有助于将卫星的总覆盖面分割为多个小型区域,点的大小被缩小后,信号变得更为集中,增益更大。因此,在天线尺寸不变的情况下,终端可以从更高的数据传输速率中获益。此外,多点支持使得可重复使用一个点到另一个点的频率及点到点消息不可忽视的增益。这是因为不是传输到一个特别广泛的点,而是直接指向相应的点,从而节约了其他点的资源。鉴于多点波束卫星实现了对来自不同载波的不同上行数据流的目标下行信号的结合,再生框架中点间的互联更为有效。

这些受限的多波束技术以 IPStar 和 Astra 1H(由 32 个转发器和 8 个 Ka 波段波束构成)形式被使用了多年。SkyplexNet/Hot Bird 6 及 Amerhis[AME 04]支持结合多波束技术的再生能力。图 3.3 所示为集成多波束技术和再生负载的一个双向卫星系统。

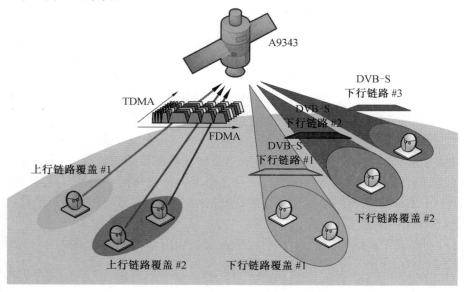

图 3.3　集成多波束技术和再生负载的一个双向卫星系统

前面已介绍了双向卫星系统的组成和基础概念,接下来将介绍定义了物理层、数据链路层和网络层机制的 DVB-S 和 DVB-RCS 标准。为更好地理解卫星接入网络集成到下一代网络的难度,将重点关注每个标准中设想的 IP 间的交互。

3.2　DVB-S 标准和 IP 支持

欧洲和国际 DVB 项目自 1993 年启动后,于 20 世纪 90 年代末基于动态图像专家组(Moving Picture Experts Group,MPEG)开发的压缩格式①的数字化视频和声音传输标准,发布了一系列规范。这个格式即同时定义了压缩标准和多路复用方法的 MPEG-2^[ISO 00a]。自从规范了电缆(DVB-C)、卫星(DVB-S)和地面(DVB-T)三方面的三个主要标准后,DVB 与传输媒体一样,被分解为多项规范。

DVB-S 因此定义了单向卫星上音视频数据向适配 DVB-S 卡终端的传输模式。DVB 也支持除多媒体数据流外的数据。传输 IP 数据包的 DVB 系统称为 DVB 数据广播系统^[ETS 04]。

与 3.1 节中讨论的双向结构相比,专为视频服务设计的传统 DVB-S 系统结构使用一个单波束透明卫星和一个生成占用转发器(即包含接收器的卫星终端)全部带宽的单一多路复用的网关。

3.2.1　DVB-S 标准

DVB-S 标准的成功之处如下。

(1)使用一个简易的网关集中处理数据(如即将广播的节目集)和信令,这些数据由网关在单个载波上复用,占用应答器提供的全部带宽,网关在必要时使用填充位元发送稳定的流量。

(2)快速轻松的卫星终端安装。

(3)MPEG2-TS 通用规划提供容量的演变(以便包含音视频数据流和所有类型的专用数据)。

1. MPEG2-TS 传输数据流

无论网关向卫星终端发送的数据为何种类型(声音、视频或数据),这些数据都被封装到固定大小(188 B)的 MPEG2-TS 数据包中,由这些数据包序列形成一个 MPEG2-TS 传输数据流。多路复用技术也是这种情况,它在单个通信信道中组建了多个数据信道。针对不同类型数据的封装,现有多种方法可用,这里将介绍使 DVB-S 在数字视频框架中获得成功的音视频数据流广播。图 3.4 所示为不同节目多路复用中涉及的元素。

---

① 压缩范围从 1991 年 MPEG 1 的 52∶1 到 MPEG-2 的 200∶1。

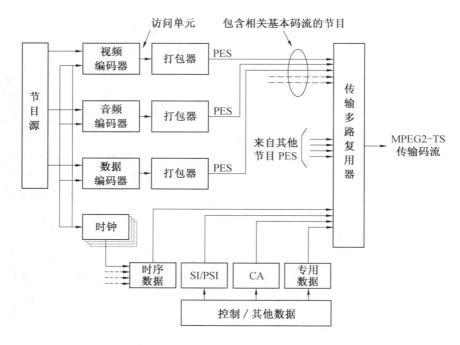

图 3.4　不同节目多路复用中涉及的元素

　　设想这样一个场景：一个卫星数据包向订阅用户提供了不同的电视节目，每个节目都由节目时钟基准同步的一个视频资源和一个或多个音频和数据资源（如字幕）构成。每个资源都被独立压缩，并在压缩后发出被称为基本流（Elementary Stream，ES）的原始信号。这些基本连续音视频数据流随后被封装成数据包（分组基本流，Packetized Elementary Stream，PES），使用共同的参考基准。每个数据包从而包含了一个时间标识符和一个数据流标识符（音频或视频）。该数据包的大小取决于应用的类型，但总体而言，最高可达到几百 KB。卫星数据包的节目集被分解为与资源同数量的 PES，最后在 MPEG2–TS 传输数据流中被多路复用。构成该多路复用的数据包被称为 MPEG2 容量，独立于传输的业务类型（本地 MPEG2 资源或 IP）。实施的封装方法为数据流，根据该原则，PES 被分段插入到 MPEG2–TS 数据包中。因为 PES 必须始终与 MPEG2–TS 数据包有效负载的第一个字节对齐，所以经常需要填充位元。

　　无论使用什么打包方法，MPEG2–TS 报头格式（至少 4 B）始终相同（图 3.5）。本书关注的字段如下。

　　（1）PUSI，有效负载单元起始标识符（1 bit）。它指示数据包中是否包含

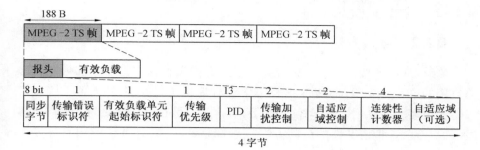

图 3.5　MPEG2–TS 数据报格式

数据的起始段(对于数据流,这对应于 PES 的起始)。

(2)PID,进程标识符(13 bit)。它用于指示多路复用中的逻辑信道(ES)(一些专用于信令)。

(3)适配域(2 bit)。它指定了专用数据的存在。

2. DVB–S 信令:PSI/SI 表

DVB–S 接收端根据每个 MPEG2–TS 数据包中报头的关联 PID 在多路复用中选择 ES。因为一个节目是由多个 ES 构成的,所以接收端必须能够从连接到同一个节目的 PID 中识别出不同的可用服务。为此,接收端采用了 PSI/SI 表(节目与服务信息表)。

本节将借助一个简短的示例简单地介绍 PSI/SI 表,同时也建议读者参阅标准以获取更多信息(针对强制 PSI 表的 ISO MPEG2 标准[ISO 00b]和针对可选 SI 表的 DVB–SI 标准[ETS 12a])。

用下面的一个简单实例来介绍这些表格的用法。

在一个多转发器卫星中,用户的 DVB–S 终端位于允许访问网络信息表(Network Information Table,NIT)的参考信道中,这个网络信息表对一组转发器和运营商向订阅用户提供的服务进行分组。运营商选择包含它们感兴趣的服务的多路复用。相关终端放置于对应的转发器中,使用 NIT 中的信息。解码器通过读取节目关联表(Program Association Table,PAT)获得可用服务的信息。每个服务都有一个关联的节目映射表(Program Map Table,PMT)来描述服务的特征及其组分。从一个节目跳转到另一个节目时,终端读取关联的 PMT,从而访问构成该节目的基本音视频数据流的 PID。

在传输数据流中,这些表格是多路复用的,通常由控制实体或服务提供商周期性发送。ETSI 在数字存储媒体–命令和控制(Digital Storage Media–Command and Control,DSM–CC)分段通用结构[ISO 00b]的基础上,为每个表格定义了独立的结构。专用分段通过使用 TS 多路复用中相同逻辑信道的

MPEG2-TS数据包进行传输。

3.2.2　接入方法

传统 DVB-S 架构一般只包含一个仅发送占用目标转发器全部带宽的多路复用的单一网关,因此 DVB-S 标准中没有规定访问方法,然而一个网关可以传输很多多路复用。同样地,一个 DVB-S 系统可在多个网关间共享一个转发器的带宽,这种情况下的访问方法一般都是专用的,且基于使用时分复用(TDM)的多路复用技术。

3.2.3　针对 DVB-S 的 IP 封装方法

1. 封装架构

MPEG2-TS 规范提供了很多除本地 MPEG2 外的专用数据封装备选方案(非由 DVB 工作组或 MPEG2 工作组定义),特别是 IP 数据包。图 3.6 所示为可能的封装方法[ETS 03]。

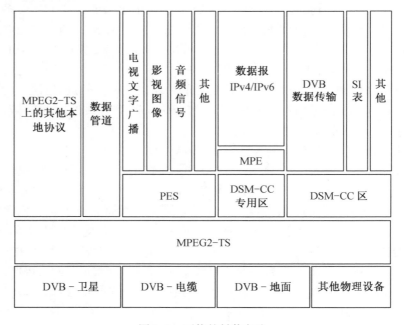

图 3.6　可能的封装方法

之前讨论的数据流模式并不特别适用于传输一般不构成连续数据流的IP 数据包,但规定了 PES 通过其数据字节域(将专用数据分为两种类型:专用流 1 和 2)的异步 IP 数据包封装。

　　数据管道模式给出了专用封装方法的框架,因此并不存在标准的分段/重组和封装/解封装方法。新的封装方法一般都是在这个模式的基础上提供替代方案,尤其是针对 MPE 中的 IP 封装。

　　数据轮播模式向接收端循环发送数据,这些数据被定期封装在被称为"数据报分段"的固定大小的 DSM-CC 分段中。

　　多协议封装(Multiple Protocol Encapsulation,MPE)模式是 DVB-S 标准为 IP 数据报传输建议的封装机制。

2. 多协议封装

　　多协议封装(MPE)提供了 DVB 网络中基于 MPEG2-TS 的数据封装机制。

　　除其他功用外,MPE 主要用于传输 IPv4 和 IPv6 数据包。MPE 报头包含一个域,当在一个 MPEG2-TS 多路复用中有多个卫星终端地址共享同一逻辑信道时,该域定义数据接收器的地址(MAC 地址)。IP 数据报封装在可与专用 MPEG2 分段格式兼容的 DSM-CC 分段中。

　　如果考虑分段包装模式,则分段将被片段化,然后作为补充,插入 MPEG2-TS数据包中,此时不再需要填充位元。为表明 MPEG2-TS 数据包中新分段的存在,将在 MPEG2-TS 报头后增加指针域(1 B),它指明了指针域和新有用分段起始位置间的字节数(图 3.7)。

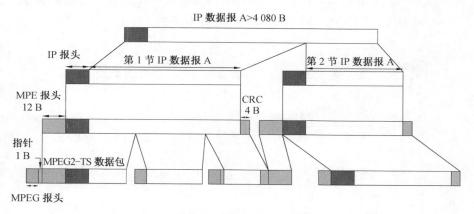

图 3.7　使用 MPE 封装的 IP 数据报

3. 信令

　　标准[ETS 04]建议使用 IP/MAC 通知表(INT 表)来表示 TS 多路复用中 IP 数据流的可用性和位置。在 IP 数据流概念下,具有相同源和/或目的 IP 地址的 IP 数据包序列被分为一组。通过使用 NIT、PAT、PMT 和 INT 中规定的信息,接收端能够评估 IP 数据流或 IP 数据流集对应的 PID。凭借这个表格中的诸多描述,尤其是通过使用 platform_id①(平台 id)、network_id(网络 id)、original_network_id(原网络 id)和 transport_stream_id(传输流 id)等标识符,可以管理 DVB 网络中的 IP 地址。

然而,因为简单定义了一个 IP/PID 关联表但没有提供接收端对其的自动处理,所以这个标准仍然是相对开放的,仍然未触及地址解析的问题。在卫星网络中,这个地址解析过程包含三个层面:IP 地址必须解析为 MAC 地址,随后与 PID 关联,最后与特定的 TS 多路复用关联。无论考虑哪个层面,INT 表都没有解决根据 IP 地址关联 PID 的问题,MAC 地址和 IP 地址间没有规定的关联,且 INT 表只能在 IP 数据包的 MPE 封装中使用。迄今为止,这个方法仍是卫星终端中唯一实施的方法,而 PID 和 IP 地址间的关联一般都是静态配置的。

4. 单向轻量封装替代方案

尽管 ETSI 建议 MPE 封装,但 MPE 封装限制了性能,MPE 的设计意图不止在于 IP 传输。此外,MPE 报头中的许多字段都是无用的,因此互联网工程任务组基于 DVB 的 IP(IP over DVB)小组进行了改革,提出可替代这个封装方法的另一方案:单向轻量封装(Unidirectional Lightweight Encapsulation,ULE)[FAI 05]。ULE 实现了根据 DVB 小组定义的数据管道方法,通过子网数据单元(Subnetwork Data Unit,SNDU),对任意类型协议数据单元(Protocol Data Unit,PDU)的 MPEG2-TS 进行直接封装(图 3.8)。

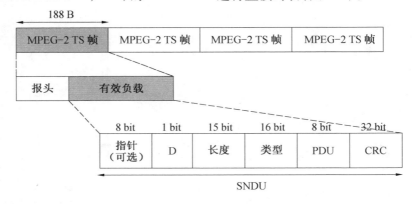

图 3.8　单向轻量封装

---

①　IP/MAC 平台对 IP/MAC 数据流和/或接收器实行分组,从而构成一个没有冲突的地址空间。这个平台可能出现在多个多路复用和多个 DVB 网络中。此外,TS 多路复用中有多个平台共存。

SNDU 报头包含以下不同字段。

(1)指示符。指示目的 MAC 地址,这个字段只作为可选项,因为接收方对数据包的过滤也可以基于 PID 和目的 IP 地址上。

(2)大小。定义数据包的长度。

(3)PDU 类型。IPv4(0x0800)、IPv6(0x86DD)和桥接以太网(0x6558)等。

(4)目的地址(可选)。它被插入类型字段和 PDU 之间,指示 SNDU 接收端超过 48 bit 的 MAC 地址。

要通告 MPEG2-TS 数据包中新 SNDU 的存在时,ULE 并不要求 MPEG2-TS 适配域(适配域控制为 01)。如果一个 MPEG2-TS 数据包中包含一个新 SNDU,则 PUSI 位设置为 1,而 ULE 在 MPEG2-TS 报头后插入一个指针域,指示新 SNDU 的起始位。

已有性能研究结果表明,ULE 的 IP 封装优于 MPE。它的主要优势在于减少了报头多余的字段,并在 IPv6、IP 报头压缩和 IP 多播方面提供了 MPE 不具备的诸多优势。

此外,基于 DVB 的 IP 小组也提出了 IP 地址到 TS 多路复用的连接机制[GOR 07]。动态方案依据的是 MPEG2-TS INT 表或多播映射表(MMT)的使用,或卫星 IP 地址解析的一个真实协议。

3.3 DVB-S2 标准

经过 ETSI 在 2005 年的标准化[ETS 09g]后,DVB-S2 在一些不同层面引入了性能较之前显著改善的元素,这主要是通过改变编码和调制,以及优化封装实现的。

3.3.1 编码与调制

卫星广播系统的主要问题在于信道质量对天气条件极为敏感。传播信道的时变性意味着需要在最糟糕的案例情景,或至少是在不利的情景中制定广播系统,这就导致在天气条件良好时,不合适编码的采用使得对连接的使用不充分。引入可变和/或自适应广播系统后,接收器的性能、灵活性都可得到改善,接收机的复杂性也会变得合理。

在可变编码及调制方式(Variable Coding and Modulation,VCM)广播系统中,可在一系列 DVB-S2 调制(QPSK、8PSK、16APSK 和 32APSK)和编码类型(块编码和 LDPC 编码)中选择最佳广播模式。如此便可根据 28 种可用的模式形成一种自适应匹配载噪比(C/N)的调制编码(ModCod)(表3.1)。因此，对于低载噪比(C/N=−2.35 dB)，可采用低效率(频谱效率为0.36)的调制编码QPSK 1/4；对于高载噪比(C/N=16.05 dB)，采用调制编码32APSK 9/10将是最高效的(频谱效率3.3)。

表3.1　DVB-S2中可用的调制编码集(来源：ETSI)

模式	调制编码	模式	调制编码	模式	调制编码	模式	调制编码
QPSK 1/4	1D	QPSK 5/6	9D	8PSK 9/10	17D	32APSK 4/5	25D
QPSK 1/3	2D	QPSK 8/9	10D	16APSK 2/3	18D	32APSK 5/6	26D
QPSK 2/5	3D	QPSK 9/10	11D	16APSK 3/4	19D	32APSK 8/9	27D
QPSK 1/2	4D	8PSK 3/5	12D	16APSK 4/5	20D	32APSK 9/10	28D
QPSK 3/5	5D	8PSK 2/3	13D	16APSK 5/6	21D	保留	29D
QPSK 2/3	6D	8PSK 3/4	14D	16APSK 8/9	22D	保留	30D
QPSK 3/4	7D	8PSK 5/6	15D	16APSK 9/10	23D	保留	31D
QPSK 4/5	8D	8PSK 8/9	16D	32APSK 3/4	24D	虚拟PL帧	0D

该标准倡导根据卫星终端测量到的C/N及与网关间的交互，动态适配调制编码。这种类型的广播称为自适应编码调制(Adaptive Coding and Modulation，ACM)，因为它允许持续适配ModCod来提供最佳效率。鉴于每次连接使用的编码和调制方式都不同，可根据误码率及给定的调制编码方式改变分配给每个终端的带宽。

图3.9所示为ModCod根据终端测量到的信号质量自适应的过程。这些

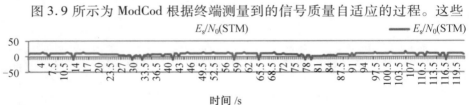

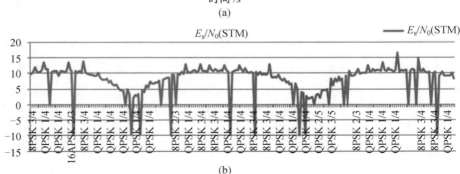

图3.9　ModCod根据终端测量到的信号质量自适应的过程

测量在 DVB-S2 终端和信道模拟器耦合的网关上进行。测量结果包含了 2 min内随时间(图 3.9(a))周期变化的衰减(图 3.9(b))。图 3.9(b)表明了测量到的噪声密度的每符号能量值(E_s/N_o)及系统相应选择的 ModCod。在这些条件下,ModCod 从 QPSK 1/4 演变为 8BPSK 3/4。

3.3.2　封装

在 DVB-S2 标准提供的诸多改进中,通用数据流封装(Generic Stream Encapsulation,GSE)协议[ETS 07, ETS 11b]对系统架构产生了重大影响。为弥补 MPEG2 传输数据流/多协议封装(MPEG2-TS/MPE)执行传统数据封装导致的低效率,DVB-S2 根据 GSE 协议提供了新的封装数据报,以求最小化附加封装成本。

针对数据包传输的 GSE 数据连接层协议建立在物理层(DVB-S2、DVB-T2、DVB-C2)中诸多协议(IPv4、IPv6、MPEG、ATM、以太网等)的基础上,高质量分段机制允许通过使用自适应或可变编码和调制机制实现物理层之上 IP 数据包(或其他)的传输,在分段包末端增加了一个32 bit的循环冗余校验,仅确保重组而非数据的完整性。

图 3.10 所示为用 GSE 进行 IP 封装的 DVB-S2 原理(来源:ETSI)。

GSE 的目标在于将一般大小的数据包的附加封装开销降低到3%以下。GSE 的传输开销是 MPE 的 1/3,但容量较后者提高了 10%。

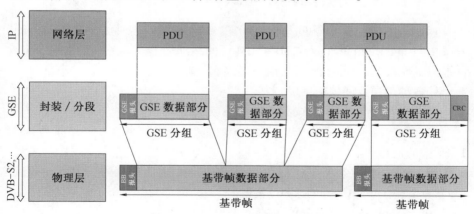

图 3.10　用 GSE 进行 IP 封装的 DVB-S2 原理(来源:ETSI)

3.4　DVB-RCS 标准

使用 DVB-S 标准,终端仅可接收卫星发送来的数据。随着 IP 服务(宽带互联网接入、网络电话、视频点播)在整个地面网络中的推广,人们迫切要求支持用户终端、服务器和互联网用户间的交互式信道。DVB-S 标准内在的非对称性质,以及为防止单个站点独占带宽的返回信道竞争接入需求,已导致DVB-S 标准逐渐被弃用。DVB-S 标准没有定义任何媒体共享访问方法,并且还需要终端用户承担昂贵的设备。

因此,单向链路路由(Unidirectional Link Routing, UDLR)标准[DUR 01]有助于通过地面返回链路,通常是传统 RTC 调制解调器链路,以较低的成本提供双向解决方案。

然而,卫星网络连接到地面基础设施时,不再是完全自主的,因此需要一条卫星返回信道。文献[ETS 09a, ETS 09c]中规定的 DVB-RCS 标准针对卫星终端,标准化了这样的卫星返回信道。DVB-RCS 与使用 DVB-S 标准的前向信道结合,引入了下一代宽带多媒体系统架构定义所需的交互性。

因实现了卫星终端间的交互,DVB-RCS 标准成了双向卫星系统的基本标准,这样的交互能力需要在上行链路上建立新资源访问模型来提供支持。

3.4.1　接入方法:MF-TDMA

返回信道中的资源访问模型建立在多频时分多址(Multiple Frequency-Time Division Multiple Access, MF-TDMA)的基础之上。这个系统依赖于将返回链路的频段分解为多个频带,由卫星终端传输突发数据的时隙共享。

1. 各种卫星返回信道突发

目前存在以下四种类型的 DVB-RCS 突发。

(1)基于 ATM 信元或 MPEG2-TS 数据包的流量突发(前者称为 ATM TRF(流量)突发,后者称为 MPEG2-TS TRF 突发)。

(2)允许卫星终端在注册阶段在 NCC 中识别自身的公共信令信道(Common Signaling Channel, CSC)突发。

③同步过程中可能需要使用的 ACQ(获取)突发。

④维护同步或向 NCC 发送控制信息需要用到的 SYNC(同步)突发。

因此,ATM 信元突发由一个多 ATM 信元组合(信元的数量取决于时间相关的传输单元的大小)、一个被称为卫星接入控制(Satellite Access Control, SAC)的可选字段和一个必需的报头构成。

卫星终端建立连接时,为保持同步而定期发送的 SYNC 突发中也会包含该 SAC 域。

其他的 ACQ 和 CSC 突发也有其自身的封装语法。

2. 资源分段:时隙、帧和超帧

MF–TDMA 信道中时隙的分配由定期向卫星终端分配一系列突发的 NCC 集中控制,每个时隙均由频率、带宽起始时间和持续时间定义。

多个时隙组成帧,多个帧又组成超帧。一个超帧描绘了一组卫星终端共享的 DVB–RCS 转发器的资源集。图 3.11 所示为一个 DVB–RCS 超帧的组成。

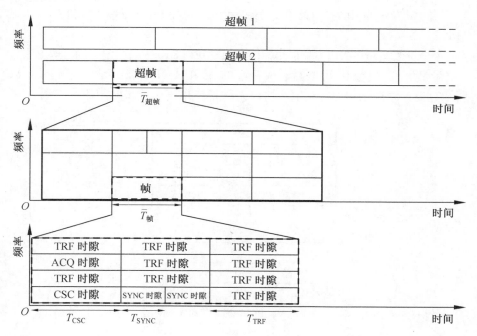

图 3.11　一个 DVB–RCS 超帧的组成

每个超帧都与一个计划相关联,以便为该帧其余部分中的每个卫星终端分配预留时隙。超帧内的帧不一定具备相同的持续时间,或按同样的方式分割成时隙。

现已定义了两个 MF–TDMA 共享模式:一个模式基于固定时隙(静态 MF–TDMA),另一个模式基于动态时隙(动态 MF–TDMA)。在静态模式下,卫星终端使用的连续时隙的持续时间和带宽固定,要修改这些时隙的属性,只能在新的超帧中进行;在可选的动态模式下,一个超帧内分配到各个卫星终端的时隙带宽和持续时间可以不同。因此,卫星终端要适配载波频率和时隙持续时间的变化,可能也需要修改每次突发的传输速率和编码类型。这个模式赋予其尽最大努力调节时隙属性以满足多媒体业务不同配置和传播条件的能力,但这种灵活性的提高是以增加访问时间为代价的,并且需要 NCC 和卫星终端额外的计算能力。

3. 数据计划中的协议栈

DVB-S/RCS 系统建立在 DVB-S 前向信道的基础之上,专为 DVB-RCS 返回信道而设计。前向信道允许以下三种包含 IP 在内的协议架构。

(1)突发流量中的 AAL5/ATM IP(根据[GRO 99]规范)。

(2)突发流量中 MPEG2 传输流中的 AAL5/ATM IP(根据[ETS 99] 规范)。

(3)突发流量中 MPEG2 传输流中的 MPE IP([ETS 09a]中定义的可选方法)。

在返回信道上,IP 可以封装成标准的 ATM 或 MPEG2-TS 突发。图 3.12 所示数据计划中的 DVB-S/RCS 协议架构是使用再生卫星时采用的架构。

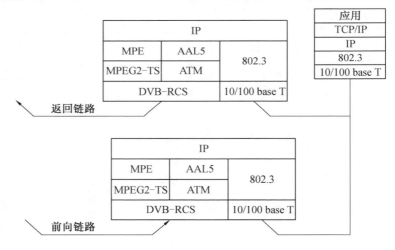

图 3.12　数据计划中的 DVB-S/RCS 协议架构

3.4.2　DVB-RCS/S 系统中的信令

1. 前向信道上的信令:特定 DVB-RCS 表格

前向信道上 MPEG2-TS 传输流中发送的 SI 表格包含可使接收机解多路复用和解码多路复用中不同数据流的系列参数。这些数据以表格的形式用 MPE 封装在专用 DSM-CC 部分中,并通过逻辑信道传输到预先定义的进程标识符。发送给卫星终端的表格可分成以下两类。

（1）前面详细介绍的 PSI/SI 表格。

（2）正确运行 DVB-RCS 协议所需的新 SI 表格：超帧组成表（Superframe Composition Table，SCT）、时隙组成表（Time Slot Composition Table，TCT）、卫星位置表（Satellite Position Table，SPT）、帧组成表（Frame Composition Table，FCT）、终端突发时间计划表（Terminal Burst Time Plan，TBTP）、更正消息表（Correction Message Table，CMT）。

因此，SCT 描述了卫星资源向超帧的完全分割，以及超帧中各帧间的相对定位。对于每一帧，FCT 表包含该帧向时隙的分解及其各自的位置；TCT 对这些时隙依次进行描述，包括时隙的所有技术特征和所包含的突发类型（ATM 或 MPEG2-TS TRF、SYNC、ACQ 和 CSC）；TBTP 表格包含一组卫星终端间共享的超帧中时隙分配计划；SPT 表格指示卫星的位置；CMT 表格使卫星终端能够针对下一次传输进行必要的更正。

终端信息报文（Terminal Information Message，TIM）属于 NCC 向一个卫星终端或一组卫星终端发送的专用消息，被用于传输逻辑标识符（组 id、注册 id、信道 id、卫星终端 IP 地址、PID 值、PVC）及注册过程成功或失败的消息。

最后，网络时钟基准（Network Clock Reference，NCR）允许卫星终端借其进行同步。

图 3.13 所示为前向信道上 RCS 信令协议栈。

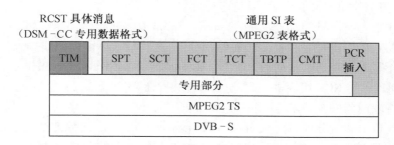

图 3.13　前向信道上 RCS 信令协议栈

2. 返回信道上的信令

（1）注册和同步过程。

在初始化时，卫星终端启动注册过程，以便访问卫星链路的资源。终端卫星通过 CSC 突发向 NCC 传输初始访问请求，该 CSC 突发包含卫星终端的 MAC 地址及其容量的有关信息。NCC 接收后，回复 TIM 消息，包含虚通路标识符（Virtual Path Identifier，VPI）、虚信道标识符（Virtual Connection Identifier，

VCI)、ATM 和 PID 等卫星终端的有关逻辑标识符,以传输业务及交换控制和管理消息(MPEG2-TS 突发)。NCC 也会为其分配一个专用于同步信令的时隙,该时隙最显著的作用是允许终端通过定期的 SYNC 消息,保持与 NCR 基准时钟同步。

注册阶段交换的信息可填入 NCC 和卫星终端中的数据库,简化地址解析。该标准默认不指定 IP 地址的分配和网关的 IP 地址,因此其一般都需要手动配置或依据简单网络管理协议(Simple Network Management Protocol, SNMP)。

(2)容量请求类别。

DVB-RCS 标准的主要优势之一在于提供了一路容量可随时间变化的返回信道。每个卫星终端都可动态地向 NCC 发送"传输容量"请求,由 NCC 根据要求和资源分配容量。因此,任何时候,如果一个卫星终端中的流量持续增长,则它可以要求从 NCC 获取更多带宽,与之对应的算法是按需分配多址接入(Demand Assigned Multiple Access,DAMA)。

容量可分为如下五类,其中包含三类容量请求(Capacity Request,CR)。

①持续速率分配(Continuous Rate Assignment,CRA)。注册到卫星终端时协商的每一个超帧中固定数量的时隙,在连接到卫星终端期间持续分配。

②基于速率的动态容量(Rate-Based Dynamic Capacity,RBDC)。超帧中的时隙数量已协定,但不可超过最大阈值(RBDCmax),这种能力可以准确地补充 CRA 分配的最低容量,但是这是可选项。

③基于通信量的动态容量(Volume-Based Dynamic Capacity,VBDC)。与 NCC 协定的时隙数量可在多个超帧间分配,这些请求可以累积。

④基于绝对通信量的动态容量(Absolute Volume-Based Dynamic Capacity, AVBDC)。与 NCC 协商的时隙数量可在多个超帧间分配,一个新的 AVBDC 请求将取消前一个请求。

⑤自由容量分配(Free Capacity Assignment,FCA)。这种类型的容量代表 NCC 处理其他类型的容量后超帧中剩余的时隙,这些容量在各并发卫星终端间均匀或不均匀分配,直到达到预定的阈值为止。

时隙被分配到每个超帧,且以下各类容量间的优先级次序从大到小为 CRA、RBDC、VBDC/AVBDC、FCA。

(3)按需分配多址接入 DAMA。

按需分配多址接入(DAMA)是一个客户端/服务器型协议,它实现了在一个 DVB-RCS 系统中,根据对 MAC 层资源的需求进行分配。客户端和服务器分别位于卫星终端和 NCC 中。例如,卫星终端向 NCC 发送的信令可以是带外的,也可通过 SYNC 突发中的 SAC 前缀执行。NCC 通过发送 TBTP 表格对每个超帧做出回复。

DAMA 可分解为以下六个不同阶段。

①终端中 CR 的计算阶段。

②CR 向 MAC 调度器传输阶段。

③MAC 调度器计算需分配的资源阶段。

④在超帧内分配这些资源阶段。

⑤定义时隙分配计划的 TBTP 的生成与传输阶段。

⑥在卫星终端内,这些资源在各终端用户及其应用间分配阶段。

目前,基于 DAMA 的 DVB-RCS 标准的开放特性,使得原本难以获得的专用解决方案成为可能。

为向 NCC 传输 CR,支持两种类型的信令:带内信令和带外信令。

带外信令基于与使用附加到业务突发的可选 SAC 字段相关联的方法,或基于数据单元标签法(Data Unit Labeling Method,DULM),它允许卫星终端通过一般专用于流量的突发,向 NCC 发送控制和/或管理信息。

带内信令基于有或没有冲突的“最小时隙”方法,相当于定期使用持续时间短于业务突发持续时间的突发,向一个卫星终端或一组卫星终端进行分配。

这种按需带宽分配无疑是卫星系统 QoS 的一大优势,它根据各卫星终端的潜在负载,在各卫星终端间分配总卫星带宽。

3.4.3　连接

文献[ETS 09c]的附录中给出了接纳控制协议(Connection Control Protocol,C2P)的概念。这个概念详细阐述了各种可能的连接类型(单向和双向、点或多点到点、多点到多点)及各种标识符(信道 id、源地址与目的地址、前向与返回数据流标识符)。

为满足不同类型服务及不同资源管理模式的要求,AmerHis 项目区分了以下三种类型连接。

(1)永久连接。这种连接在注册时建立,一直持续到卫星终端断开连接,其基本性质(CRA、RBDCmax 等)由 SLA 定义,在连接期间,可对这些基本性质进行再协商。

(2)半永久连接。这种连接在注册到卫星终端时协商,但延迟激活,以便满足周期服务的要求;

(3)按需连接。这种连接需要考虑卫星终端的动态要求,需要 NCC 的管理控制和资源预留,这种类型连接在一次性服务中使用。

因此,C2P 可用于修改永久连接的参数,或用于请求一个按需连接。任何情况下,均不能单凭 DVB-RCS 标准规定 C2P。目前,卫星终端对 NCC 的请求均编码在信息元素(Information Element,IE)字段中,以 DULM 格式传输,负责建立/修改/关闭或连接信道。NCC 通过 TIM 消息的各种描述符进行回复。但目前有研究考虑通过更高层面的协议制定第 2 层信令的替代方案。

3.5　DVB-RCS2 标准

在 DVB-RCS 标准提出近 10 年后,ETSI 在 2011 年 3 月发布了 DVB-RCS2 标准[ETS 11a]。DVB-RCS2 的补充通过优化传输和封装技术,推动了前向信道(DVB-S2)的改进。

这个标准被划分为三个不同的部分:规范定义了交互式 DVB-RCS2 返回信道的 RCS-低层卫星(Lower Layer Satellite,LLS),这可看作对前一代标准在物理层、媒体访问控制(MAC 层)和 IP 封装层上的改进;RCS-高层卫星(High Layer Satellite,HLS)定义了对基于 IP 的协议和应用的支持,提供了互操作性和对资源的更好管理;最后,RCS-OSL 为回应市场的需求(小型/家庭办公室、企业、军事、回程传输等),提供了技术与商业配置的结合。

3.5.1　编码与调制

最受期待的扩展之一显然是对自适应编码与调制的使用。DVB-RCS2 集成了可选的调制编码(ModCod)8PSK 和 16AQM 作为对传统 QPSK 的补充。它也为 TDMA 突发使用了一种新的前向纠错(Forwarding Error Correction,FEC)算法,采用具有 16 种状态的 Turbo 码,提供了高达 2 dB 的额外增益。前向信道和返回信道的结合带来了真正的传输增益,但也给运营商的配置能力带来了重大的挑战。即使应用可在技术上指导自适应,但自适应很可能由系统管理,在保持可接受的 QoS 和丢包率水平的同时,最大化传输速率。

此外,还提出了替代性(非线性)调制(连续相位调制(Continuous Phase Modulation,CPM)),使得可生产更便宜但效率有所降低的终端。

3.5.2　接入技术

新的随机接入技术在返回信道上补充了 DAMA,以防止通过传统分配周期事先请求容量。因此,在小型传输中,系统更具反应性,但太高的要求也可导致分配机制效率在达到饱和点前即已下降。从终端来看,这样的随机访问(Random Access,RA)技术可视作半静态低速率分配。通过这种方法,在较短的时间内(0.1 s),终端可访问的超帧中的时隙数量相对恒定。终端随机访问一组选定的时隙,这可能导致冲突,从而产生丢包。因此,这项技术是在按需分配多址接入(Demand Assignment Multiple Access,DAMA)机制的低反应性和恒定速率分配(Constant Rate Assignment,CRA)的低效率之间的一个折中。

3.5.3 封装

DVB-RCS2 采用了与 DVB-S2 优化封装方法相同的方式,优化了卫星上 IP 的直接传输。标准的 GSE 协议也可用于前向信道和返回信道上,因为 GSE 中的返回链路封装(Return Link Encapsulation,RLE)专门适配返回信道。

3.5.4　QoS 架构与 PEP

DVB-RCS2 中定义的 QoS 架构也与 DVB-RCS 中的稍有差异,这个架构与 ETSI BSM 小组定义的架构极为相似。低层(分配)与高层(IP 区分服务)间的跨层交互可优化对系统的使用。服务类与物理资源间的对应关系是该架构的关键点之一,该架构也考虑到在信道中采用新的接入模式(随机接入)。

高层卫星引入了性能增强代理(Performance Enhancing Proxy,PEP)协商协议,用以提高卫星上的 TCP 性能。因此,根据该标准,卫星终端可在发现阶段后,在网络中选择一个可用的 PEP。

3.6　DVB-S/RCS 卫星接入网络中的 QoS 架构

当资源有限时,卫星系统带宽必须优化使用。为此,在 DVB-S/RCS 标准中,ETSI 定义了基于物理层的频谱优化方案,但没有定义 QoS 管理架构(这反而才是优化使用切实所需的)。

两个补充方法提供了架构的框架:第一个方法由 SatLabs 支持,可将其视为一个短期方法,因为它专注于卫星系统上的返回信道;第二个方法由 ETSI BSM 提出,采用了更具有前瞻性的方法。在讨论这两个架构前,首先介绍在 BSM[ETS 01] 提出的卫星网络中竞争提供 QoS 的利益相关者。

3.6.1　卫星网络中各利益相关者

在下一代网络中集成一个新网络的一个关键是如何适当地分隔竞争在网络中提供服务的各个利益相关者。对于从属于传统电信网络的卫星网络而言,这个过程尤为重要,因为这些网络目前仍高度依赖于它们几近垂直的集成。

ETSI BSM 规范(BSM TISI TR 101 984)[ETS 01]有关 BS 系统参考服务和架构的技术报告明确指出了以下这些利益相关者。

(1)卫星网络运营商(Satellite Network Operator,SNO)。拥有并负责除终端(卫星终端与网关)外 DVB-RCS 系统的维护、管理和部署。它也负责根据各交互网络接入提供商(Interactive Network Access Provider,INAP)的合约,在各 INAP 间划分资源。

②卫星运营商(Satellite Operator,SO)。对卫星负责,并就再生系统与卫星网络运营商协作进行星上处理的配置。

③交互网络接入提供商。可与卫星网络运营商协商,通过交互网络(Interactive Provider,IN)访问一些卫星资源,随后通过虚拟卫星网络(Virtual Satellite Network,VSN),在不同的服务提供商(Service Provider,SP)间分享这些资源。交互网络接入提供商也常被称为虚拟卫星网络运营商(Virtual Satellite Network Operator,VSNO)。一个虚拟卫星网络代表了交互网络接入提供商向服务提供商提供的资源,但是否管理这些卫星资源,选择权在于服务提供商。由此,可区分出两种类型合约,分别称为"带宽"和"批发连接"。在前者中,归属的资源委托给卫星终端;在后者中,交互网络接入提供商负责管理资源和在多个服务提供商间分配这些资源。

(4)服务提供商。可以是互联网服务提供商(Internet Service Provider,ISP)、应用服务提供商(Application Service Provider,ASP)、多播服务提供商、虚拟私人网络(Virtual Private Network,VPN)服务提供商、互联网电话提供商(Internet Telephony Service Provider,ITSP)等。

⑤订阅用户。用户可委任其选择服务提供商的中间实体。订户可使用交互网络接入提供商提供的服务,并为满足用户的需求,与不同服务提供商协定不同的服务。

⑥用户。可直接通过卫星终端或通过连接到卫星终端的局域网(Local Area Network,LAN)连接到卫星网络。用户终端连接到不同服务提供商提供的应用。局域网和用户终端共同称为用户端设备(Customer Premises Equipment,CPE)。

3.6.2　SatLabs 架构模型

SatLabs 是一个协会,将 DVB-RCS 标准中涉及的空间部分的利益相关者进行分组,其致力于通过互操作性工作和认证,推动 RCS 标准。从一般意义上讲,SatLabs 提出的建议可视为"短期的",但可延续到 BSM 的"长期"愿景中。

SatLabs 对 QoS 领域提出的主要建议是定义了 QoS 架构及有关规范[SAT 10a],该文献只处理了(DVB-RCS)。

1. QoS 架构

图 3.14 所示为 SatLabs DVB-RCS QoS 架构(来源:SatLabs)。

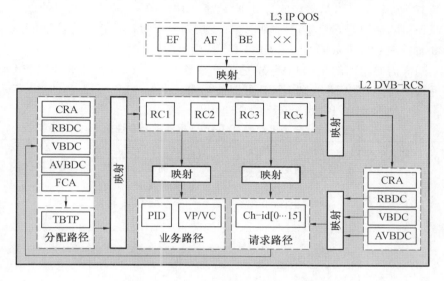

图 3.14 SatLabs DVB-RCS QoS 架构(来源:SatLabs)

显然,该架构主要考虑网络层的 QoS、接入层(MAC)的 QoS 及这两个层间的联合与交互。

2. IP 层中的 QoS

IP 层中的 QoS 管理符合区分服务,其中的终端可以是区分服务域中的入口节点或核心节点。一个 DVB-RCS 网络可视为一个区分服务域(即确保了通用 QoS 政策的系列节点)。在这种情况下,卫星终端是一个入口节点路由器。

SatLabs 兼容系统需要支持的不同 PHB,具体如下。

①加速转发(Expedited Forwarding,EF),可选。

②保证转发(Assured Forwarding,AF),可选。

a. 至少支持一类 AF。

b. 至少考虑两级"丢弃优先级①"。

① 区分服务(DiffServ)术语中的优先级。

c. 建议采用 AF31、AF32 和 AF33 这三种 PHB。

③尽力而为（Best Effort，BE）。

也可以考虑其他的 PHB。

传统上，不同 PHB 应用流的联合由"分类器"功能提供保证（见第 1 章）。这样的联合在接入路由器上执行，接入路由器可以是卫星终端利用了 DSCP 域的 IP 协议，也可以是多域的分类器，考虑了协议类型、源地址和目的地址以及源和目的端口号（可选）。这些选项被映射到 SatLabs 定义的管理信息库（Management Information Base，MIB）[SAT 10b] 中。

同样需要指出的是，如果终端是区分服务域的出口节点且每个域的 QoS 管理政策可能互相不同，则 DSCP 可以被标注。

一个已部署 DVB-RCS 网络的合理性能见表 3.2。

表 3.2　一个已部署 DVB-RCS 网络的合理性能

PHB	延迟		抖动		优先级	带宽		丢包率	
	额定	过载	额定	过载		额定	过载	额定	过载
EF	足够低（没有超额预定）		最低的可能			被认可后，在会话期间完全给予			
	300 ms		50 ~ 100 ms					<0.1%	
AF31/ AF32	尽可能好				高	在协定中			
	850 ms	超出部分较大						<0.1%	
BE	尽可能好		不控制		低				
	850 ms	超出部分较大							

需要指出的是，这个性能信息与返回信道有关，无论是在卫星终端、NCC 还是容量管理层上，都有许多因素可能影响到这个分段的性能。

最重要的是，延迟和抖动方面的性能尤其受到卫星终端性能、业务负载和 NCC 中时隙分配政策的影响（见 3.6.2 节）。NCC 中时隙分配政策尤其依赖于对资源的总体需求、应用于卫星终端的分配政策和卫星终端中实施的预留机制。

考虑目标性能时，须谨记卫星网络的使用显著影响端到端性能，它的一个 PHB 特性必然会支配端到端服务。

3. MAC 层中的 QoS

在 DVB-RCS 系统中,QoS 功能一方面由队列及相关调度器承担;另一方面由资源管理承担。

SatLabs 定义了请求类(Request Class,RC)的概念,请求类等价于接入层中的 PHB。请求类对返回信道上的队列和管理分配的方法进行分组。IP 层中的 PHB 必须与请求类对应执行。一般而言,多个 PHB 可能关联到同一个请求类。

定义了以下三个请求类。

(1)实时。与 PHB EF 相关联,可选。

(2)关键数据。与 PHB AF 相关联,可选。

(3)尽力而为。与 PHB BE 相关联。

在资源管理层,每个请求类均可与 RBDC 请求(数据传输速率)、AVBDC 或 VBDC(大小)或同时与这二者相关联。每个请求类须由信道标识符 DVB-RCS 识别。相应的容量请求包含有关信道标识符的信息,允许 NCC 恢复请求类,以执行分配(遵照制造商或运营商实施的政策)。

持续分配(标准 CRA(Continuous Rate Assignment))或剩余分配(标准 FCA(Free Capacity Assignment))补充了资源管理设备。

例如,一个卫星终端可以实施两个请求类,使用 VDBC 分配,并管理各个类间的优先级。

需要指出,SatLabs 规范了各种可能的分配类别及有关参数。

最后,对于地址本身,无论它们对应于 A 型还是 B 型终端(ATM 或 MPEG),SatLabs 都仅规范了将一个或多个请求类关联到一个 VPI/VCI 或 PID 的概率。但若 PHB EF 被管理,则必须发送两个 VPI/VCI(或 PID),其中一个与 RT 流量相关。

4. 卫星系统中的 VoIP

SatLabs 也处理与 QoS 相关的方面,尤其是在卫星通信系统中 VoIP 支持方面的研究工作[SAT 10, EMS 04, NER 04, IPT 05]。大部分文档都验证了将在接入层中实施的方法,以获得足够的 VoIP 传输性能,尤其包括各种 DVB-RCS 分配方法(CRA、RBDC 和 VBDC)的有关性能。但没有哪项提议最终总结出可实施的分配或配置类型。文献[IPT 05]研究得更深入,它提出了协议栈、使用的编解码器和信令协议(SIP、H323 和 SKINNY)的参考条目和建议。也就是说,这项研究总结出,在没有拥塞的情况下执行 RBDC 分配时,即使背景流量可能严重影响所有情况下的延迟,CRA 和 RBDC 也相对等价。本书重点研究 SIP 和 H323 网络架构(如 DNS)的问题,以及传输速率和编解码器采用频率对总体性能的影响。

一般而言,这项工作明确阐释了卫星环境下给定应用的交互多媒体应用涉及的问题。显然,可以在这些研究提供的信息的基础上,提出一个可保障异构环境中 QoS 需求的通用方法。

5. 返回信道上 QoS 架构示例

这个示例展现了市场上制造商 STM 提出的 DVB-RCS 卫星终端架构。STM Satlink 1000 卫星终端[STM 07] 是获得 SatLabs 认证的 DVB-RCS 终端之一,支持前向信道上的 DVB-S 和 DVB-S2 标准。它专为 IP 网络而优化,目标在于个体和小型商业的 Internet 接入服务。它具备 QoS 管理、流量加速、VPN 和多播应用功能,并支持实施 ACM 的 DVB-S2 标准。

对于返回信道上的 QoS 管理,STM Satlink 1000 确保基于 DiffServ 架构区分服务,并提供 DiffServ 架构中定义的每跳行为(PHB)性能。

STM 将返回信道上将要发送的业务划分为不同的 QoS 组,随后将一个或多个 QoS 组关联到一个 PHB 或一组 PHB。STM StaLink 1000 支持的 QoS 组见表 3.3。

表 3.3　STM StaLink 1000 支持的 QoS 组

QoS 组 ID	QoS 组名称	PHB 中的映射
0	尽力而为	尽力而为
1	VoIP 音频	实时网络电话(RT-VoIP)
2	VoIP 信令	实时网络电话(RT-VoIP)
3	ViC 视频	实时视频会议(RT-ViC)
4	ViC 音频	实时视频会议(RT-ViC)
5	ViC 信令	实时视频会议(RT-ViC)
6	关键数据	关键数据(CD)

将每个 IP 数据包路由到相应的 QoS 均基于一个多域分类器,如 DSCP/TOS 域或其他 IP 域(源地址、目的地址、源端口、目的端口和协议类型)。

MAC 层定义了以下四个队列。

①尽力而为队列。

②关键数据(Critical Data,CD)队列。

③实时视频会议队列(Real Time Video Conferencing,RT-ViC);

④实时网络电话队列(Real Time Voice over IP,RT-VoIP)。

根据以下适配管理,区分请求类。

(1)分配请求算法。实时类由 CRA 请求提供,关键类和尽力而为类被规定接收基于 A/VBDC、对延迟较不敏感的多变业务。

（2）当并发业务交织在一起时,传输 PID 或 VPI/VCI 以定义 MGEP/ATM 层中实时业务的优先级。

（3）队列管理政策。如果发生超载,且因此而导致队列溢出,则实时数据包从队头(最旧的数据包)开始丢包,而在尽力而为业务中,则是从队尾(新近到达的数据包)开始丢包。

6. 前向信道上 QoS 架构示例

尽管 SatLabs 没有研究前向信道,但并不难确定前向信道上 QoS 架构的概况。前向信道上 QoS 的独特性在于其仅依赖于 IP 层机制,这使得其 QoS 架构也较为简单。边缘路由器和网关中的 QoS 如图 3.15(摘自 AmerHis 项目)所示,来自 ISP1 和 ISP2 的数据包首先在边缘路由器中经过静态许可控制,以验证网络中每个 ISP 添加的业务是否遵从 INAP 交互式网络访问操作员和 ISP 互联网服务提供商间协定的 SLA 服务级别协议。根据 INAP 与 ISP 协定的 SLA 中定义的过滤规则,标记并限制信令流量。数据包随后被多路复用(IP Mux)并进行调度,然后发送到网关。

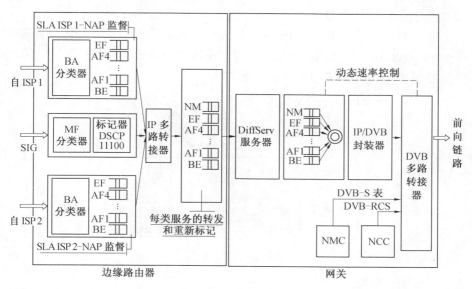

图 3.15　边缘路由器和网关中的 QoS

在网关层,存在一个由一个分类器、一个隔离器和一个调节器组成的 DiffServ 服务器。IP 数据包在此被再次重新调度,因为它们在前向信道上与 DVB-S 和 DVB-RCS 信令多路复用。为此,必须对 IP 调度器的输出速率实施控制机制,以适配生成的 MAC 信令数量。须谨记,前向信道上的网关传输速率是恒定的。IP 数据包随后被插入 MPEG2-TS 逻辑信道中,并保持其原顺序。信道容量对应于每个接收用户的需求总和,取决于服务类,而与 ISP 无关。

　　总之,SatLabs 关于 QoS 的建议构成了 DVB-RCS 系统中 QoS 机制的工作基础,它提供了通用架构和更详细的定义,特别是在与分配和寻址相关的方面。这些建议实现了共享同一个框架的设备间更好的互操作性。对于统一这类系统中的 QoS 管理来说,这些规范和定义还不够严谨和精确。

3.6.3　基于 IP 的业务服务管理架构模型

　　借助 ETSI 技术委员会"卫星地面站"(Satellite Earth Station,SES)发布的技术规范,业务服务管理(Business Service Management,BSM)为下一代网络定义了一个 QoS 架构。

　　总体而言,这项工作与 SatLabs 工作的不同之处在于,它在机制实施方面采用了更具前瞻性的方法,比 DiffServ 服务(及其在接入层的解调)更先进,而且它也考虑了 BSM 本身就有的架构。这个 QoS 架构(图 3.16)的特色在于分隔了独立于卫星(Satellite Independent,SI)的层和依赖于卫星架构(Satellite Dependent,SD)的层,从而可接受制造商的不同实施方法。这些层间的通信由被称为 SI-SAP 的通用服务中间接入点执行。

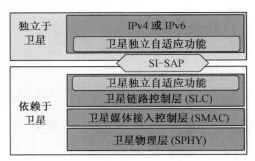

图 3.16　BSM 架构

1. 环境与概况

　　与 SatLabs 关于 QoS 的工作不同,BSM 不仅检验了卫星段,也检验了互联和端到端 QoS 的有关方面[①]。因此,文献[ETS 06]引入了端到端电信服务(包括用户终端)和受限于网络的网络支持服务(这里不包括终端)间的传统区

———————————

　　①　SatLabs 通过联合 DiffServ 域边界的业务类,简化处理了这个问题。

分。这些支持服务提供了与 UNI/NNI(用户到网络接口/网络网络接口)通信的一种手段,对应于 1～3 层。

BSM QoS 架构概览如图 3.17 所示,在边界边缘间(从 UNI 到 UNI)定义了 IP 支持服务。IP 支持服务本身基于所通过的不同段(包括卫星网络)和核心网络的支持服务。显然,端到端提供的 QoS 立足于 IP 支持 QoS,而 IP 支持 QoS 则受不同子段和网络用户(图 3.17 中的 CPN)提供的 QoS 限制。

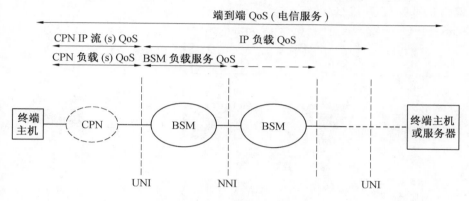

图 3.17　BSM QoS 架构概览

2. QoS 模型

BSM QoS 功能架构中提出了以下两个 QoS 模型。

(1)保证 QoS(Guaranteed QoS)模型。它遵守 QoS 参数值(如传输速率、最大延迟、抖动、丢包率等)。这个模型可与 IETF 的 IntServ 模型关联。

(2)相对 QoS(Relative QoS)模型。它没有绝对遵守 QoS 标准,而是允许对不同服务类进行区分处理。这个模型可与 IETF 的 DiffServ 模型关联。

无论是从为特定交互式应用服务(如 VoIP)提供的 QoS,还是从通过的段异构性或纵向扩展的问题来看,都建议将这两种模型结合使用。在这种情况下,保证 QoS 模型可以用于有限数量的业务类,并且仅限于卫星等受限的段。

此外,对于 QoS 架构,有两个关键选项需要考虑。

第一个选项假定 QoS 由应用通过应用程序界面(Application Program Interface,API)或协议直接指导,应用因此根据使用过的最接近其要求的服务与网络协商其 QoS 要求。这是以假定应用自身拥有必要的信息和交流该信息的手段为前提的,到目前为止,这样的条件仍然较少见。

在第二个选项中,QoS 被委托给网络,无须参考应用的明确要求(这种情况下只使用了标记或网络配置)。这个选项允许在无须修改 QoS 管理的情况下接收应用,但需要更为精炼的 QoS 管理(几乎没有有用的信息可供使用)。

3. 多媒体应用

　　BSM QoS 架构处理各种各样的应用,提供不同类型的多媒体服务,尤其是语音、音频、视频、图像和数据服务。

　　图 3.18 所示为应用与 QoS 架构,提供了多媒体服务的 QoS 分类,其中不同的应用使用不同的实施服务的组分,这些组分本身依赖于不同的协议、解编码器和功能,且与 QoS 类有关。

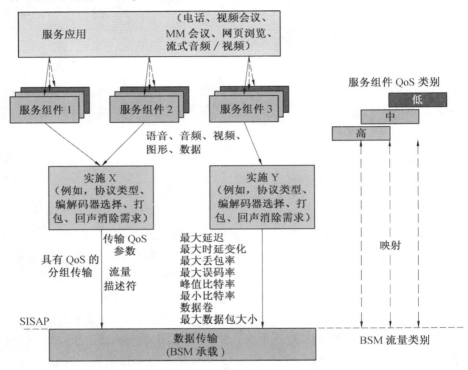

图 3.18　应用与 QoS 架构

　　对服务的要求可连接到网络,应用借此联系负责端到端服务及相关 QoS 实施的运营商的服务控制功能(Service Control Function,SCF),也可连接到通过 SIP/SDP 等会话或 QoS 协议管理会话本身及 QoS 的应用。

4. QoS 场景

文献[ETS 06]中描述了 QoS 协商的以下三种场景。

(1)面向服务提供商的模型。

在这个场景中,服务需要提供商的服务控制功能(Service Control Function,SCF),或者更确切地说,一个或多个资源控制器。SCF 负责决定服务的 QoS 要求并确保这些要求在网络中得到满足。一旦授予了许可,请求类便开始配置不同的接入和网络组分。这个场景有助于防止用户终端中的预留信令,但也意味着需要系统地使用 SCF 来满足任何服务需求。

(2)面向用户的模型。

在这种情况中,用户无须借助 SCF 便能够向网络运营商指示其 QoS 要求。因此,该模型的主要限制在于需要使用能够交流自身 QoS 要求的应用。这种情况展现了网络运营商和服务提供商间相对明显的分离,因为 QoS 预留是逐跳进行的,没有经过 SCF 等中间元素的整合。

(3)面向应用的模型。

这个场景是对前两种场景的综合,它包含一个能够发送其 QoS 要求的用户(面向用户模型),而在可以使用服务之前必须得到授权(面向服务提供商模型)。

5. BSM QoS 架构

IP 网络中普遍接受的一般方法是分离与服务有关的部分和与网络有关的部分,二者间的通信通过一个开放式接口(图 3.19)进行。这类架构由此实现了服务和底层网络的分离。

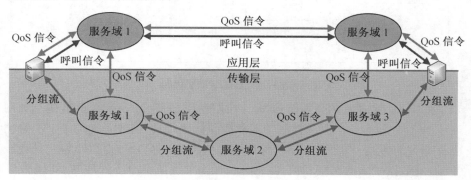

图 3.19　QoS 架构的一般方法

应用部分负责向用户提供服务,使用 SIP 等信令协议。该信令因为描述了会话的终端点(客户端或主叫方和被叫方)、QoS 参数(取决于使用的协议)及服务自身的参数而显得尤为重要。

传输部分帮助传输与服务有关的分组,确保应用所要求的 QoS 水平。为此,在应用部分和传输部分间,以及通过的不同段间的传输部分内均使用了 QoS 信令协议(如 RSVP、COPS 或 NSIS)。

QoS 功能架构如图 3.20 所示,QoS 基于一组涉及三个平面即用户平面、控制平面和管理平面的块(定义见[ITU 04])。数据平面具有业务分类(DiffServ 或多域)、数据包标记(在边界用于给定的 DiffServ 域)、监管和/或成型(对于预先确立的一组业务)及调度(及队列管理)等传统功能;控制平面具有 QoS 路由选择(选择满足 QoS 要求的路径),以及服务调用、资源预留和许可控制(针对基于数据流特征测量或其参数(如果可用)的路径)等功能;管理平面具有服务订阅、服务等级协议 SLA、服务开通和计费等功能。

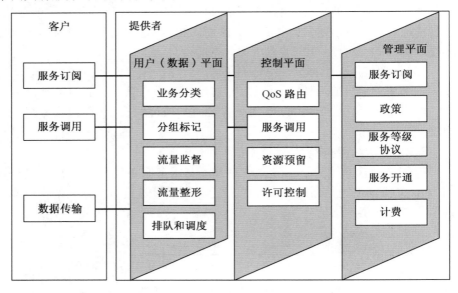

图 3.20　QoS 功能架构

图 3.21 所示为 BSM QoS 架构。在控制平面,BSM QoS 在卫星终端和网关或 NCC 中包含一个服务控制功能和资源管理元素,这些元素确保了决策功能及 QoS 的实施。它们与高层(代理 SIP、代理 RSVP/NSIS)元素(客户端或服务器)及数据平面的网络和接入层相连,从而配置负责 QoS 处理的不同组分。

BSM 引入了队列 ID(Queue ID,QID)的概念来一般性地指代 SI-SAP 中的 MAC 队列。因此,QID 是队列的抽象(其实施取决于不同终端/网关制造商),被用于 SI 层和 SD 层间的数据传输。这些队列可静态定义,也可动态创建,它们包含处理接入层 QoS(队列管理和调度)和资源管理(容量请求类型、

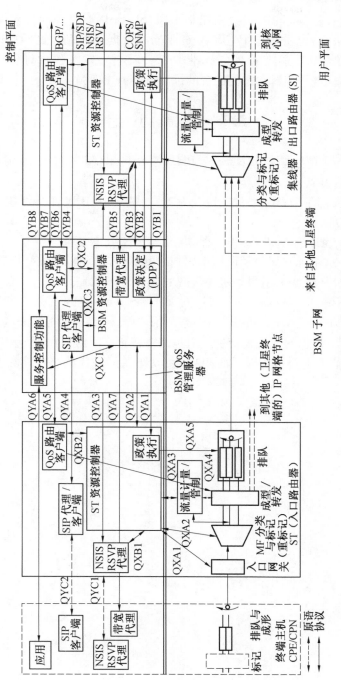

图 3.21　BSM QoS 架构

计算请求的容量等）的机制。在控制平面,SI-SAP 不仅实现了对 QID 的创建、修改或丢弃,也激活并配置了给定业务的数据流控制。这两层间的接口也实现了具备 QID 静态管理的标准 DiffServ 模型,以及包含许可控制和对 QID 有关参数进行相对动态再配置的标准 IntServ 模型。

3.7　本章小结

本章介绍了先进的 DVB-S/S2 和 DVB-RCS/RCS2 标准,以及卫星网络中 IP 和 QoS 的集成。

首先,介绍了 DVB-S 标准,以及 IETF 的基于 DVB IP 工作组提供的不同 IP 封装方法。

随后,详细介绍了 DVB-RCS 标准及其允许卫星终端向卫星发送数据的系列机制。这个标准规定了调制编码技术、接入方法和带宽分配机制。

最后,介绍了当前卫星系统中实现的现有 QoS 机制进展。已有多方为标准化卫星系统 QoS 架构做出了大量的工作。SatLabs 建议的架构寻求定义不同运营商产品间互操作性的最小限度基础;DiffServ 架构则是解决这个问题的基础;SatLabs 建议的架构也分析了卫星网络在更广泛的 DiffServ 域中的集成。此外,还规范了控制和管理平面的功能,以便在下一代网络中实现更大的互操作性。

后续章节将介绍在下一代网络中集成 QoS 的解决方案。

第4章　卫星在 IMS QoS 架构中的集成

4.1　IP 多媒体子系统架构

在地面系统中成功集成卫星系统的关键之一在于提供端到端 QoS 保证的可能性。因为无论是满足终端用户还是确保对网络资源的正确使用都依赖于此,所以端到端 QoS 保证尤为重要。

互联网协议多媒体子系统(IP Multimedia Subsystem,IMS)架构开始是由第三代合作伙伴计划(3rd Generation Partnership Project,3GPP)针对通用移动通信系统(Universal Mobile Telecommunication System,UMTS)网络开发的,提供了专注于接入网络部分的端到端 QoS 架构。该架构旨在允许固定与移动网络融合,即实现使用有线和无线网络共用的基础设施的可能性。该架构与ETSI 的电信和互联网融合业务及高级网络协议(ETSI–Telecommunication and Internet Converged Service and Protocol for Advanced Networking,ETSI–TISPAN)协作促使其实现了该可能性。本章将介绍在下一代地面基础设施中集成卫星系统所面临的困难与机遇,正如其在 IP IMS 中展现出来的。本节将介绍图 4.1所示的传统 IP IMS 架构,在 4.2 节中将详细描述其组件。

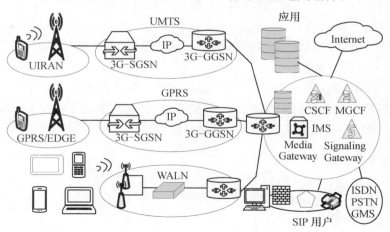

图 4.1　传统 IP IMS 架构

　　这里,认为水平集成是使用一项或多项接入技术连接到一个或多个 IP IMS 核心网。

　　可能需要考虑的场景有多个,如下。

　　(1)连接到一个 IMS 核心网络的单一透明卫星接入段(卫星数字视频广播–返回信道(DVB-RCS)标准)。

　　(2)连接到一个 IMS 核心网络的单一再生卫星接入段(网状 DVB-RCS 标准)。

　　(3)连接到一个 IMS 核心网络的多个接入段,包括卫星(DVB-RCS 标准)。

　　此外,水平集成同时涵盖了 IMS 用户间的 QoS 端到端实施(如在建立 IP 语音(VoIP)会话阶段)和接入网络提供的服务(尤其是 IMS 服务)。

　　正如以下章节中将会说明的,IMS 从众多协议中选择了会话启动协议(Session Initiation Protocol,SIP)作为会话控制协议,选择公共开放策略服务作为传输策略的协议,选择双远程用户拨号认证系统(RADIUS)(DIAMETER)作为认证方法。因此,这三个协议在 QoS 实施中具有重要意义。为方便阅读,将在后面的章节中重述这些协议交换的消息。

4.1.1　COPS 和 DIAMETER 消息

1. COPS

　　在第 2 章中已经介绍了 COPS 协议。为方便读者理解使用了该协议的场景,在此简要回顾它的作用及其交换的消息。

　　为改善接入控制网络,2000 年,互联网工程任务组定义了一个基于策略概念的架构。策略被定义为实现监管、管理和控制网络资源访问的系列规则的集合。为在客户端/服务器模型中交换这些策略,这个工作组还定义了一个协议——COPS 策略。

　　该策略管理模型包含两个中心元素:负责应用策略决定的策略执行点和负责根据已定义的策略做出决定的策略决定点。这两个元素通过 COPS 协议交流。COPS 各消息项及其意义见表 4.1。可参阅文献[BOY 00]获得更多信息。

表 4.1　COPS 各消息项及其意义

消息 PEP → PDP	消息 PDP → PEP	消息 PEP ⟷ PDP
REQ：REQUEST （策略请求）	DEC：DECISION （策略发送）	CC：CLIENT CLOSE （COIPS 客户端终止接受）
RPT：REPORT STATE （策略执行结果）	SSQ：SYCHRONISATION STATE REQUEST （同步请求）	KA：KEEP ALIVE （存在信号）
DRQ：DELETE REQUEST STATE （策略请求结束）	CAT：CLIENT ACCEPT （COPS 客户端接受）	
OPN：CLIENT OPEN （请求接受 COPS 客户端）		
SSC：SYNCHRONIZE STATE COMPLETE （同步结束）		

2. DIAMETER

DIAMETER 协议[CAL 03] 是由远程用户拨号认证系统（RADIUS）协议[RIG 00a, RIG 00b]经过诸多改善后演化而来的，它一般被认为是认证、授权及计费（AAA）协议的参考。该协议广泛应用于长期演进和 IMS 架构，来交换 AAA 信息。

DIAMETER 架构由多个实体构成，包括节点、客户端、服务器和代理。

（1）DIAMETER 节点。实施 DIAMETER 协议的主机。

（2）DIAMETER 客户端。网络边界上执行接入控制的节点，DIAMETER 客户端的实例为服务通用分组无线服务（General Packet Radio Service，GPRS）支持节点（Serving GPRS Support Node，SGSN）。

（3）DIAMETER 服务器。负责针对给定域的请求验证、授权和征税。

（4）DIAMETER 代理。提供了网关、代理或转译服务的一个 DIAMETER 节点。LTE 架构中的策略和计费规则功能（Policy and Charging Rules Function，PCRF）实体是委托代理的一个实例。IMS 架构中的用户定位功能（Subscriber Location Function，SLF）是重定向代理的一个实例。

DIAMETER 协议中定义的主要消息项见表 4.2。更多信息请参阅文献[BOY 00]。

表 4.2   DIAMETER 协议中定义的主要消息项

消息名称	缩写	指令码
AA−Request	AAR	265
AA−Answer	AAA	265
Abort−Session−Request	ASR	274
Abort−Session−Answer	ASA	274
Accounting−Request	ACR	271
Accounting−Answer	ACA	271
Capabilities−Exchanging−Request	CER	257
Capabilities−Exchanging−Answer	CEA	257
Device−Watchdog−Request	DWR	280
Device−Watchdog−Answer	DWA	280
Disconnect−Peer−Request	DPR	282
Disconnect−Peer−Answer	DPA	282
Re−Auth−Request	RAR	258
Re−Auth−Answer	RAA	258
Session−Termination−Request	STR	275
Session−Termination−Answer	STA	275

4.2   IMS QoS 架构

IMS 架构中的 QoS 实施依赖于以下各种功能实体。

（1）呼叫会话控制功能（Call Session Control Function, CSCF）。是 IMS 用户的标准接入点，它管理验证、服务接入和服务策略。根据网络架构本身，CSCF 可以是一个代理（P−CSCF）、一个服务器（S−CSCF）或一个边界元素（I−CSCF）。

（2）策略决定功能（Policy Decision Function, PDF）。负责服务策略方面的决定。

（3）策略执行功能（Policy Enforcement Function, PEF）。确保对 IP 数据报的管理（流量调节器）和对可能目的地的过滤（分类器）。

（4）应用功能（Application Function, AF）。向 IMS 用户提供服务。

应指出的是，PDF 可以是一个 CSCF 元素，也可以是通过标准接口连接的一个独特节点。更确切地说，若使用第 5 版 IMS，则 P−CSCF 和 PDF 间的接口是开放的，以实现这两个元素的分离；而第 6 版 IMS 定义了这两个元素间的接口（DIAMETER）。可以在与边界网络互联的网关 GPRS 支持节点（Gateway

GPRS Support Node,GGSN)中确保 PEF 的作用,IMS 架构如图 4.2 所示。

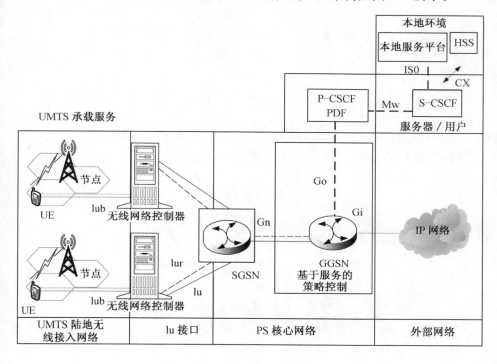

图 4.2　IMS 架构

这些元素明确连接到 IMS 网络的接入段的边界设备。因此,在通用移动通信系统(Universal Mobile Telecommunication Service,UMTS)网络中,PDF 具有与 GGSN 的接口,确保了通用无线分组业务(2.5G)(GPRS)网络或 UMTS 与 IP 网络(这里为 IMS)的互联。

一般而言,IMS 不直接实施 QoS,而是依赖于必能根据客户端服务确保一定等级服务质量的底层网络。但 IMS 为 QoS 管理提供了一个统一的通用接口。

IMS 中的 QoS 管理可以划分为以下两个不同的域。

1. 接入网络

QoS 管理解决方案依赖于底层接入技术和使用的设备。尽管如此,这里还是使用了两个接口。第一个接口将 COPS 用于 PDF 和接入段间的通信;第二个接口则基于最终用户终端(或终端节点)和 P-CSCF 间的 SIP 消息发送。最后应指出的是,在终端节点用户设备(User Equipment,UE)和接入段间使用了 PDP 上下文。

2. 核心网络

QoS 管理解决方案依赖于传统 IP 机制,尤其是区分服务和集成服务/资源预留协议[ETS 11]。IMS 没有定义核心网络中的实际 QoS 管理方法,而是依赖于预配机制。然而,在 IMS 中融入 IntServ 模型可通过 RSVP 在核心网络中提供配置解决方案。

4.2.1　GPRS 中的 IMS QoS:UMTS 网络

为清晰理解 IMS 中定义的 QoS 架构,这里将特别研究其参考实例,尤其是 GPRS 或 UMTS 网络提供的参考实例(图 4.3)。

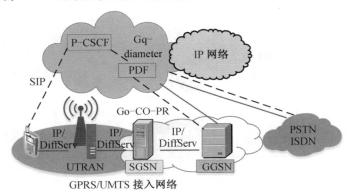

图 4.3　IMS UMTS QoS 架构

图 4.4 所示为 GPRS/UMTS 框架中开放 IMS 会话实例,图 4.5 所示为 GPRS/UMTS 网络中 PDP 上下文实例。

从图 4.4 中可以看出,IMS 会话包含以下三个阶段。

(1)IMS 会话初始化阶段。

传统上通过 SIP 协议执行。因此,用户终端向其代理 CSCF 指示 QoS 请求(通过会话描述协议),随后代理 CSCF 将 QoS 请求转发到 S-CSCF,最终到达远端终端。这个交换也涉及根据请求的参数授权或拒绝会话的策略决定功能。它发布了一个授权令牌,将在随后使用。

(2)PDP 的初始化阶段。

先是终端节点和 SGSN 间的初始化,然后是终端节点和 GGSN(起到策略执行功能的作用)间的初始化。这些上下文信息包括使用的地址及 QoS 参数。规范 ETSI TS[ETS 12b]定义了一系列可能的参数,特别是最大传输速率、数据包顺序保证、SDU 最大尺寸、授权的 SDU 尺寸列表、SDU 出错率、残留错误率和错误 SDU 预配方式。

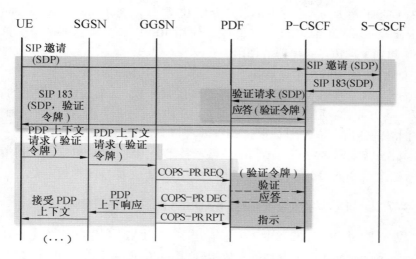

图 4.4 GPRS/UMTS 框架中开放 IMS 会话实例

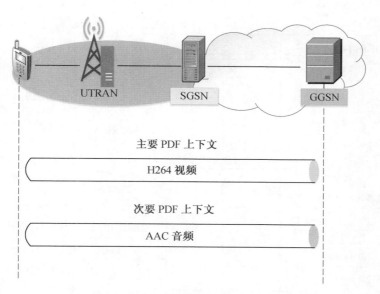

图 4.5 GRPS/UMTS 网络中 PDP 上下文实例

（3）GGSN 通过公共开放策略服务－策略配置（Common Open Policy Service－Policy Provisioning，COPS-PR）向 PDF 请求的 QoS 实施阶段。

PDF 起到了 COPS 服务器的作用，继而起到 PDP 的作用。

与 GGSN 一样，QoS 的实施也遵从核心网络的架构。例如，在 DiffServ 网络中,GGSN 遵从定义的策略,负责定位差分服务代码点(Differentiated Services Code Point,DSCP)。它也可以使用 RSVP 来实施这项 QoS。这里,GGSN 起到了域边界路由器的作用。

　　总之,应保留的两个要点如下。

　　首先,两个通用接口独立于现有的底层接入段,从而独立于使用的特定协议。一方面,会话的端到端信令基于 SIP 协议;另一方面,接入网络和核心 IMS 网络间的信令依赖于 COPS-PR(Go 接口)和 DIAMETER(Gq 接口)。

　　其次,接入网络中的 QoS 信令依赖于技术。因此,在 GPRS/UMTS 网络框架中,这个信令依赖于确保 IP 连接性的 PDP 上下文及 QoS 参数定义。

4.2.2　非对称数字用户线(ADSL)网络中的 IMS QoS

　　规范 ETSI TS 123228[ETS 08] 也给出了各种数字用户线路(x Digital Subscriber Line,xDSL)上会话的开放步骤(图 4.6、图 4.7)。这个定义尽管没

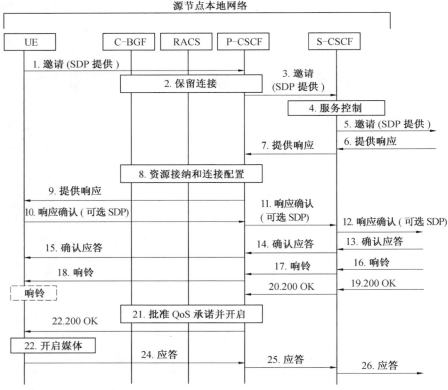

图 4.6　xDSL 网络中 IMS 会话开放步骤(源节点端)

有构成一个标准框架,但根据接入段中的具体情况清晰阐述了 IMS QoS 架构中可能的各种调制方式。

　　由于基于 SIP,且接入段层(之前为阶段 2 和阶段 3)的 QoS 参数配置与 SIP 协议直接相关(在接收到提供响应和 SIP OK 时),因此第一个阶段通常等价于在 UMTS 网络中的阶段(但二者在网络地址转译(Network Address Translation,NAT)方面存在多处差异)。尤其是,它不像在之前网络中的那样,由终端节点初始化。

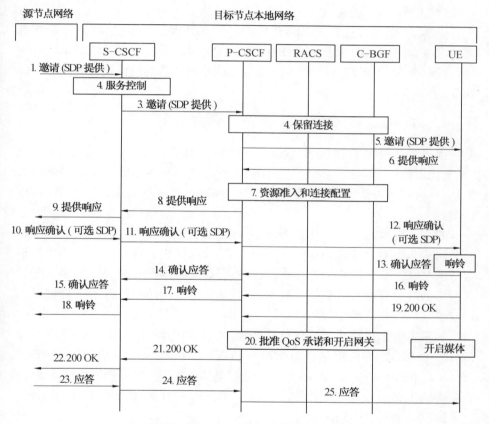

图 4.7　xDSL 网络中 IMS 会话开放过程(目标节点端)

4.3　IMS QoS 信令

QoS 和 IMS 信令之间交互的过程可以分为以下两种情况。

(1)当 IP 连接传输器被激活时,用户可以根据运营商对本地服务策略机制的选择访问服务。由 PEF 确保的一个 IMS 服务策略功能随后被使用。这个功能负责管理 IP 数据包,减少可访问的目的地(由分类器定义),从而定义了开放的"网关"。由 PDF 执行控制,该 PDF 可能是一个代理控制服务器实体或是位于独立的节点上。在这种情况下,功能遵从与代理的标准化接口。

(2)当 IP 连接传输器失效时,传输器使用本地传输器的签约特征和许可控制。因为这种情况本质上并非集成的,所以本书不研究这种情况。

IMS 定义了一系列实现 QoS 管理的过程。后续章节将信令假设为一个 GPRS 或 UMTS 接入段。

需要指出的是,规范 ETSI TS 29208[ETS 07b]处理了一般情况,但几乎没有描述降级案例(只有 GGSN 从 PDF 收到未经请求的授权决定的情况才能被视为非标称操作)。最后,IMS 没有用以接受或拒绝会话的总体资源管理算法的规范。

4.3.1　QoS 资源授权

预留 QoS 资源的授权过程是在建立或修改 SIP 会话期间执行的。P-CSCF 代理使用 SIP 信令中包含的 SDP 信息来应用本地服务策略需要的会话信息,并将它们传播到 PDF。这使得 PDF 可授权或拒绝对资源的使用(许可控制)。

图 4.8 所示为源 PDF 中的 QoS 资源授权过程。

图 4.9 所示为目的 PDF 中的 QoS 资源授权过程。这个过程的适用情形包括由互联网节点初始化的会话,或连接到本身附属到一个 IMS 网络上的接入网络的两个节点间的会话。针对这种情况,应指出的是,与第一种情况不同,授权(以及之后的令牌生成)独立于 QoS 资源授权。

如果发生会话及其有关资源的修改,则边界实体将会交换一对 SIP 再邀请(Re-INVITE)/OK 消息。与前两种情况(图 4.8、图 4.9)相同,P-CSCF (Proxy-Call Session Functions Control)侦听请求与响应,识别如何使用 SDP 内容和会话记录改变会话,随后通过 DIAMETER AAR 向 PDF 发送授权请求。这个过程对于两个终端均有效。

PDF 给予的会话授权可以批准(见4.3.3节)或删除(见4.3.4节)QoS 承诺,在删除一个媒体组分(见4.3.5节)后撤销授权,或最后修改会话,从而更新服务信息(见4.3.7节)。

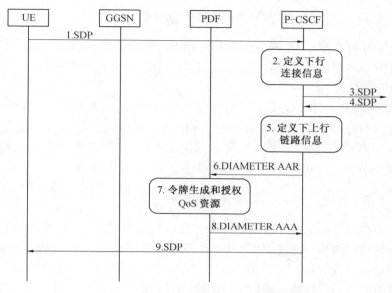

图 4.8　源 PDF 中的 QoS 资源授权过程

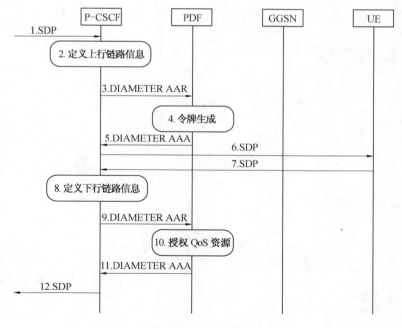

图 4.9　目的 PDF 中的 QoS 资源授权过程

4.3.2　使用本地服务策略预留 QoS 资源

这个过程实现了在 UMTS 架构下 GGSN 中的 PEF 层面实施 QoS 策略。PDF 根据 QoS 资源请求参数做出预留决定,可能需要一个可选的 AF 授权(即应用服务的授权)。

UE 根据 PDP 上下文的请求初始化场景。SGSN 将请求转发给向 PDF 发出授权请求的 GGSN。PDF 可通过(Assured For warding,AF)验证 UE 的身份,随后向 GGSN 确认决策。GGSN 在实施决策的同时,将策略决定结果传输到 PDF,从而创建一个 PDP 上下文。PDF 可选择性地通知应用。

4.3.3　对已授权资源承诺的批准

如果在根据本地服务策略进行预留时没有激活 QoS 资源,或之前暂停的数据流被重新激活(通过 SDP 方向消息:发送接收、仅发送、仅接收或无方向),则这个过程允许 PDF 决定使用这些资源以及通知 PEF(GGSN)用户现在能够使用该会话授权的资源(图 4.10、图 4.11)。

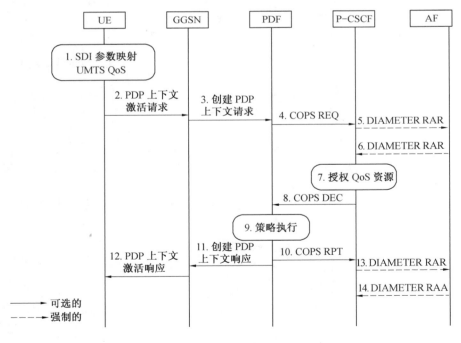

图 4.10　使用本地服务策略的资源

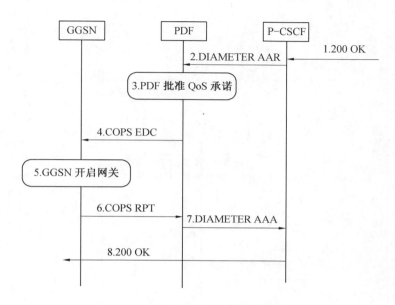

图 4.11　对已授权资源承诺的批准过程

4.3.4　对已授权资源承诺的删除

这个过程与之前的过程等价,用于管理对组成会话的一个媒体的暂停或删除。与之前的情况一样,在侦听 SDP 媒体暂停或删除请求期间,P-CSCF 向用户终端转发请求,随后通过 DIAMETER(AAR)通知 PDF,PDF 进而告知 GGSN 策略的改变(COPS 决定)。GGSN 通过 COPS(报告)向 PDF 及通过 DI-AMETER(AAA)向 P-CSCF 发送确认消息,同时启动 PDF 中的定时器,以保证这个变化可实际发生。

删除会话中的一个媒体后,可选择性执行 QoS 承诺删除过程。

4.3.5　QoS 资源授权的撤销

撤销授权的过程在结束或重定向用户最新的(或唯一的)会话后实施。对初始"承载建立"做出否定响应时,也可激活该过程。

图 4.12 所示为移动或网络节点初始化授权撤销的过程,它对源端和目的端均有效。

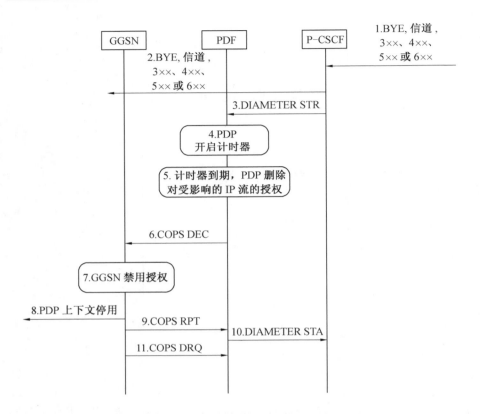

图 4.12　移动或网络节点初始化授权撤销的过程

4.3.6　删除策略决定点环境的指示

这个过程在关闭 PDP 上下文期间实施。对该过程的指示通常可由 SGSN 初始化(图 4.13);也可在发生错误时,由 GGSN 初始化;或在发生错误或网络过载时,由 PDF 初始化。下面将介绍后两种情况。

接收到策略删除请求后,PDF 告知应用会话结束。随后,如果所有的应用流均受影响,则确认会话已终止;如果不是,则进行修改操作。

如果由 GGSN 初始化撤销,则它将向 SGSN 发送 PDP 上下文删除请求,随后通知 PDF 策略应用已结束。PDF 将按照之前通过 DIAMETER 同样的方式通知应用。

如果由 PDF 初始化撤销,则该决定将通过 COPS(决定)消息传递到 GGSN,GGSN 将请求 SGSN 删除上下文。在该过程结束时,GGSN 将通过 RPT (报告)和 DRQ(脱离请求)消息,与 PDF 确认删除。

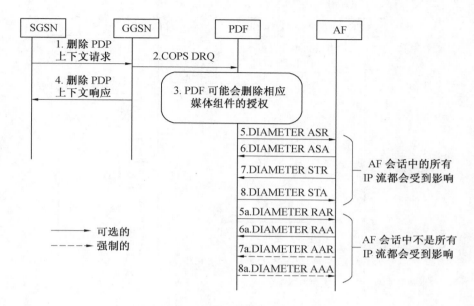

图 4.13 删除 PDP 上下文的指示

PDF 将按照之前通过 DIAMETER 同样的方式通知应用。

4.3.7 PDP 上下文修改的授权

当 PDP 上下文被修改时,该过程即被激活,从而使得所请求的 QoS 超过激活 PDP 上下文所授权的限制,或最大前向和返回传输速率为 0。

这个过程实施了两个机制:PDP 上下文修改的授权过程(图 4.14);PDP 上下文修改的指示过程(图 4.15)。

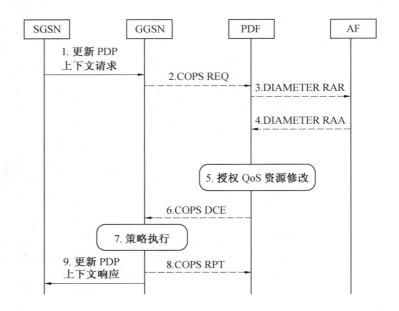

可选的
强制的

图 4.14　PDP 上下文修改的授权过程

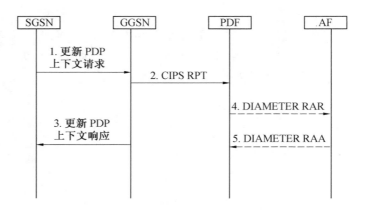

可选的
强制的

图 4.15　PDP 上下文修改的指示过程

4.4 在卫星段中包含 IP 多媒体子系统 QoS

如前面章节所述,在标准 DVB-RCS 卫星架构中水平集成 QoS 必须满足以下诸多要求。

(1)该水平集成必须基于端到端 SIP 会话信令。

(2)QoS 架构必须一方面基于 IMS 固有的元素(主要是 P-CSCF 和 PDF),另一方面基于接入段特有的 QoS 组分。最重要的一点,QoS"执行点"的实施是一个棘手问题。

(3)卫星段必须遵守各种与该段相关的已定义 QoS 过程。这里将特别说明与 GPRS/UMTS 网络特有的 PDP 上下文有联系的过程。

4.4.1 "系统"假设

为确定定义与 IMS 兼容的 QoS 架构所需要的适应性,有必要先明确有关卫星段的各种假设。

第一个假设是关于各种 IMS 元素在网络中的定位。从一般观点来看,根据场景的不同(透明还是集成方法),P-CSCF 可与卫星终端(Satellite Terminal,ST)或网关并置。同样地,这种类型的架构也需要定位 PEF。

第二个假设是关于 IP 在接入网络和 UMTS 段中的传输模式。也就是说,可以通过依据 C2P 协议[ETS 09f]建立起的接入连接,在 DVB-RCS 系统中集成 PDP 上下文的使用。在这个框架中,考虑到该段的特定接入连接的实施,可以调整与 PDP 上下文有关的各种过程。如果实际情况与此不符,如无法与最终用户建立 C2P 连接(如果卫星终端不是最终用户的话),则可以使用 ADSL 调制。实际上,专为 xDSL 网络定义的 IMS QoS 过程是由网络而非用户初始化的。

第三个假设是对前一个假设的推导,考虑了接入段内 QoS 机制与协议的选择。因此,需要验证 PDF 与 PEF 间 COPS 的使用。

最后一个假设与将在接入网络中实施的 QoS 模型有关。IMS 仍旧相对灵活,不需要任何特别解决方案。区分服务与集成服务因此而成了 IP 网络中两个可能的选项。二者相比较,集成服务存在一些固有问题,尤其是其复杂性、可扩展性,以及为确保端到端 QoS,需要与整条路径兼容的架构与元素,这些突显了区分服务模型的相对优势。因此,在本章剩余部分中,将使用区分服务模型。

卫星段中 QoS 的集成取决于不同的有关场景,下面将描述这些场景。

4.4.2　IMS 卫星集成:透明方法

这里分析第一个架构基于实现卫星段在 IMS 中完全透明集成的元素分布。也就是说,P-CSCF 与网关并置,并且无须事先修改或调整卫星通信系统架构。当然,服务质量功能性可通过传统 PDP/PEP 架构连接,因为 PEP 由卫星段负责。此外,这个架构处理了 IMS 客户端卫星终端(图 4.16)。

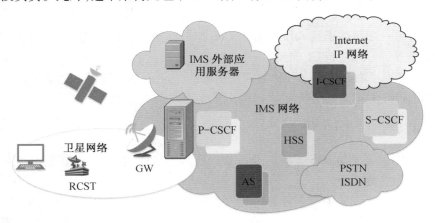

图 4.16　IMS 架构-卫星-透明集成法

在这类架构中,PDP 与 P-CSCF 自然并置。对于实施 QoS 策略的元素,以下有两种放置位置可供选择。

(1)对于返回信道,PEP 位于终端中;对于前向信道,PEP 位于网关中。

(2)两个方向上的 PEP 都位于网关中,从而接入层或卫星段的本地策略担负起在返回信道中包含 QoS 的责任。

从端到端角度看,第一个解决方案更为优越。同样可以注意到的是,这个解决方案允许添加其他控制元素,如在边界路由器(如果它与网关不同)中添加 PEP。

4.4.3　IMS 卫星集成:星型集成法

接下来介绍的第二个架构在卫星系统中包含了一个 IMS 元素,即与卫星终端并置的 P-CSCF。

在这个架构中,PDP 同样放置于网关后。逻辑上,在网关和卫星终端后各使用一个 PEP(图 4.17)。

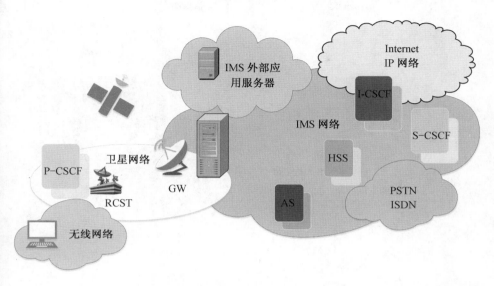

图 4.17　IMS 架构-卫星-星型集成法

4.4.4　IMS 卫星集成：网状集成法

最后分析的一个架构基于一个通过透明卫星、具有交换矩阵的卫星或内置的 IP 路由器创建,提供网状连接的卫星系统。这类系统实现了对不同 IMS 网络的管理,每一个 IMS 网络都由一个与卫星终端并置的 P-CSCF 和位于终端后提供 IMS 网络本地网接入的一个 S-CSCF(以及其他核心 IMS 元素)构成(图 4.18)。同样可以注意到,在这个架构中,I-CSCF 可实现与地面 IMS 网络及卫星网络管理下其他 IMS 网络的互联。

鉴于这类系统呈现了网状拓扑,因此将使用 C2P 接入连接协议。在这个架构中,PDP 仍位于网络控制中心之后,与前面架构不同的是,使用的三个PEP 分别位于 NCC 后和卫星终端后。

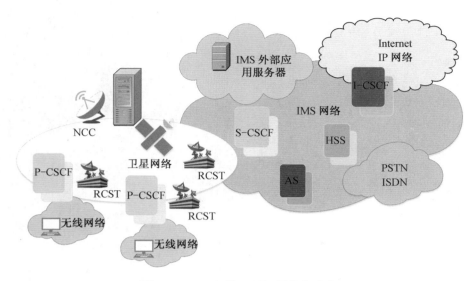

图 4.18　IMS 架构–卫星–网状集成法

4.5　向统一的下一代网络 QoS 架构演进

本节将分析卫星环境下如何部署 IMS QoS 架构。这里将根据选定的卫星在地面网络中的集成方法,调整本章开头介绍的 IMS 场景。

4.5.1　透明集成场景

1. 架构

透明集成场景中的 IMS 卫星架构如图 4.19 所示,在开发的架构中,SIP会话协议负责确保端到端信令。在接入段层面,更具体一点,在卫星接入网络中,P-CSCF 与 PDF 联系,负责根据卫星网络中 NCC 层面的可用信息接受连接(会话)。在验证了现存的资源能够满足建立会话所需的 QoS 等级后,PDF 与不同的 PEF 联系,由后者实施相应的 QoS 策略。

可以在以下不同层面提出不同的 PEF。

(1)在接入网络的边界路由器层面。本质上,这其实是控制进入卫星通信网络中的传输速率的问题。

(2)在卫星终端层面。其目标在于配置来自用户网络的传输速率,并开放与服务(IP 地址、端口等)有关的网关。

(3)在 NCC 层面。这里,需要配置返回信道上通信的接入参数(如通过修改有关终端的分配循环的参数)。

（4）在网关层面。在这种情况下,PEP 配置负责前向信道上流量的调度器。

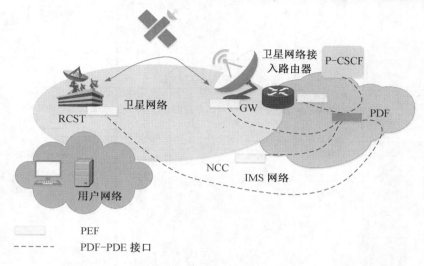

　　　□□□　　　PEF
　　　- - - - - -　PDF-PDE 接口

图 4.19　透明集成场景中的 IMS 卫星架构

2. 信令

（1）网络与会话层面的信令。

图 4.20 所示为透明集成的通用 QoS 实施,描述了建立 IMS 会话期间实施 QoS 所需的信令。这个信令体系基于面向 xDSL 的方法,其中网络负责 QoS 的实施。

该信令的影响主要在于 QoS 策略实施层面,这个层面上需要为 COPS-PR 消息的路由选择配备额外的两跳卫星中继。

文献[ETS 07b]中定义的系列过程似乎无法适用于卫星环境。在与 PDP 上下文不一致的情况下,IMS QoS 过程在卫星环境中的适用性见表 4.3。

表 4.3 中,第 1 列中列出了 4.3 节介绍的过程;第 2 列中指出了每个过程在卫星网络中的适用性;第 3 列中列出了可能存在的相关问题。

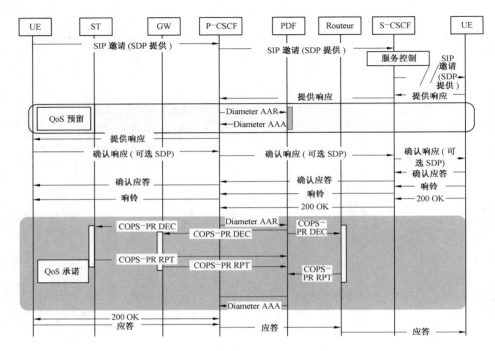

图 4.20　透明集成的通用 QoS 实施

表 4.3　IMS OoS 过程在卫星环境中的适用性

过程	适用性	相关问题
QoS 资源授权(4.3.1 节)	√	
修改期间对 QoS 资源的授权	√	
使用本地服务策略预留 QoS 资源(4.3.2 节)	×	在没有访问连接的情况下(与 PDP 上下文相对应),该过程无法在卫星上下文中实现
对已授权资源承诺的批准(4.3.3 节)	√	与 GPRS / UMTS 相比,在卫星上实现的 PEF 更多
对已授权资源承诺的删除(媒体暂停)(4.3.4 节)	√	
对已授权资源承诺的删除(删除媒体)(4.3.4 节)	√	
移动或网络节点初始化撤销授权(4.3.5 节)	√	

续表4.3

过程	适用性	相关问题
在删除多媒体组件的情况下撤销授权（4.3.5 节）	√	在这种情况下,停用 PDP 上下文无效
删除 PDP 上下文的指示(4.3.6 节)	×	非 PDP 上下文
GGSN 初始化删除 PDP 上下文的指示（4.3.6 节）	×	非 PDP 上下文
PDF 初始化删除 PDP 上下文的指示（4.3.6 节）	×	在网络过载的情况下,只能使用 PDF 发起的指示
PDP 上下文修改的授权(4.3.7 节)	×	非 PDP 上下文
PDP 上下文修改的指示(4.3.7 节)	×	非 PDP 上下文
通过会话修改授权本地服务策略	×	

（2）接入网络和会话层信令。

在卫星段中实施接入连接有助于扩展高层中的水平集成。C2P[ETS 09f, ETS 09e]网络 QoS 模型解释了考虑媒体访问控制（MAC）层中 QoS 的机制。这个方法尤其适用于网状场景（因为在终端间建立这类连接是有必要的）。在 IMS 架构框架中,使用 C2P 还有助于模拟针对 IP 流量、基于 PDP 上下文的 GPRS 和 UMTS 网络操作。然而,还存在许多有待解决的问题。

一方面,接入连接没有达到最终用户（UE）。接入连接在卫星终端和网关间,或各卫星终端间是断开的,因为信令中始终涉及 NCC。因此,使用恰当的 QoS 参数打开接入连接意味着,要么用户能够通过任何类型协议（SIP、简单对象访问协议（Simple Object Access Protocol,SOAP）和网页服务）向卫星终端提供该信息（来自 SDP）,要么 NCC 直接初始化 C2P 连接的建立。

另一方面,延迟和用于 C2P 信令路由选择的频带。对于无须事先在接入层建立连接的透明架构,尤其需要考虑这个问题。

最后,不同层间信息副本的相关性构成了主要问题。实际上,C2P 和 COPS 起到的作用明显类似,C2P 在接入层生成网关,而 COPS 则在网络层中执行了相似的功能,它们自身也负责 QoS 策略。如果考虑会话层、网络层和接入层间的跨层解决方案,这个问题在操作层甚至更为重要。

NCC 层和卫星终端层面,使用 C2P 的透明集成 QoS 通用实施分别如图 4.21和图 4.22 所示,突显并比较了两个解决方案。

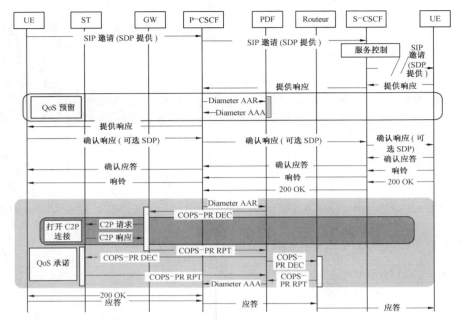

图 4.21　NCC 层, 使用 C2P 的透明集成 QoS 通用实施

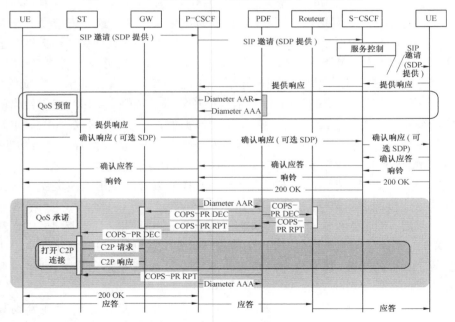

图 4.22　卫星终端层面, 使用 C2P 的透明集成 QoS 通用实施

接收到 COPS-PR 决定消息后,NCC 触发建立(或修改)C2P 连接。这个方法避免了在 P-CSCF 和 NCC 或 PDF 和 NCC 等间添加额外信令。但这个过程与 GPRS/UMTS 框架中定义的过程背道而驰,在后一个框架中,终端节点执行了连接建立(4.3.2 节),从而触发 PEP(GGSN)向 PDF 发送 COPS 请求。

按照同样的方式,可以开发出一种解决方案,其 QoS 实施基于卫星终端建立的 C2P 连接(图 4.22)。这个方法提供了独立于系统拓扑的架构,从而不必对透明案例(双跳)中会话开启延迟进行过多的优化。在 IMS 环境下,PEP 的卫星终端侧负责触发建立 C2P 连接。

当然,这里的建立延迟时间会更长,因为其比前一种情况多了卫星一跳建立时间。

4.5.2　星型集成场景

1. 架构

在星型集成场景中,P-CSCF 位于卫星终端侧,PDF 集中在网关侧,PEF 的位置保持不变。星型集成场景中的 IMS 卫星架构如图 4.23 所示。

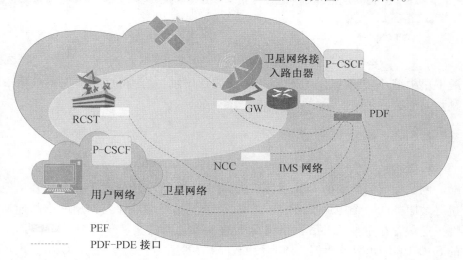

图 4.23　星型集成场景中的 IMS 卫星架构

2. 信令

图 4.24 所示为星型集成 QoS 的通用实施,描述了为在建立 IMS 会话期间实施 QoS 而定义的信令。可以看出,这种情况下的延迟比前一种情况下的延迟产生的影响更大,这是因为 PDF 没有与 P-CSCF 并置。QoS 预留需要两

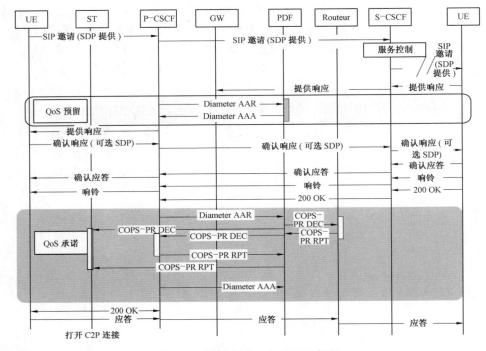

图 4.24　星型集成 QoS 的通用实施

跳卫星中继,随后实际的 QoS 实施需要四跳中继,这使得这种情况下的中继跳数多于第一种情况。

4.5.3　网状集成场景

1. 架构

网状集成场景中的 IMS 卫星架构如图 4.25 所示,P-CSCF 被放置在由卫星终端服务的每个用户子网中。其中,一个卫星终端确保与归属网络的连通性。这包含在单独的 IMS 网络情况下的 S-CSCF,或具有能够到达 IMS 网络的 S-CSCF 的边界路由器。PEF 按照逻辑放置于卫星终端和 NCC 中。也可以在边界路由器中放置一个 PEF,用以保护子网。

2. 信令

这种情况与前面场景的不同在于,这种情况下需要配置接入资源(尤其是按需分配多址接入 DAMA),从而与 NCC 直接通信。如果适当地提供了边界连接(也就是说,如果系统并非透明网状的),延迟就不会产生额外的影响。这里不考虑 C2P,也不选择 C2P 作为管理卫星段 QoS 的手段。

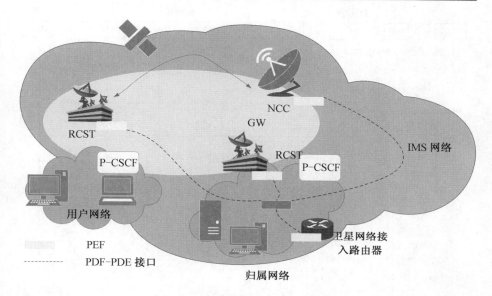

图 4.25　网状集成场景中的 IMS 卫星架构

　　网状结构逻辑上促使使用 C2P 协议来建立可能具有 QoS 特征的接入连接(图 4.26)。如前文所述,为遵循 IMS QoS 架构,仅在用户终端为卫星终端时考虑这种情况。如果实际情况并非如此,则用户终端需能够通过规定 QoS 和必要的认证参数(如通过使用 SOAP)来触发建立接入连接。与由 NCC 打开连接的透明案例(4.5.1 节)不同,这种情况下(对拓扑角度而言),通过终端节点建立连接的过程更为简单。

　　图 4.27 所示为访问网络中用户与归属网络中用户间的网状 IMS 通信。可以看出,其通信建立过程与 GPRS/UMTS 网络案例中的过程类似。首先是 SIP 会话初始化阶段,随后是源卫星终端接收 OK SIP,触发建立接入连接的阶段。目的卫星终端接收 C2P-REQ(请求)消息在接入网络中触发 QoS 实施请求。

　　需要指出的是,QoS 承诺阶段的触发还可以发生在以下情形中。

　　(1)在 NCC 层收到 C2P-Resp(响应),其确保实施 COPS 策略后,接入连接不被拒绝。在这种情形下,由于额外增加了一跳卫星中继,因此建立延迟被延长。

　　(2)在源卫星终端层面接收到 C2P-Resp(响应),这使得可完全确保接入层和网络层的一致性。然而,此种情形下,同样由于额外增加了一跳卫星中继,因此启动应用数据流前的延迟时间被延长。

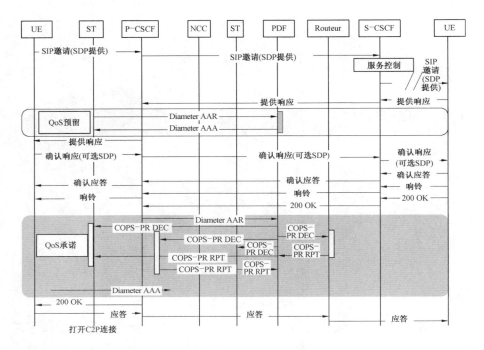

图 4.26　网状集成 QoS 的通用实施

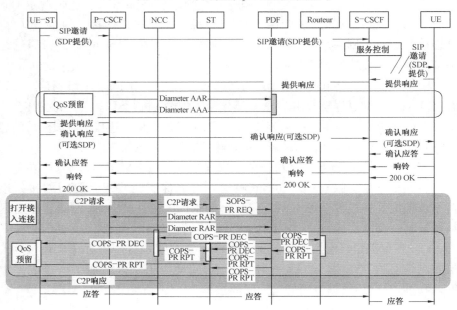

图 4.27　访问网络中用户与归属网络中用户间的网状 IMS 通信

4.6　SATSIX 项目

隶属于欧洲研究与开发基金会的信息社会技术（Information Society Technology, IST）SATSIX 项目（图 4.28）旨在展现这类兼容 IPv6 的卫星通信系统的灵活性。它定义了基于高层（会话层和网络层）、低层（接入层和物理层）及跨层机制的端到端 QoS 架构[RAM 07]。SATSIX 项目的主要贡献在于支持动态 QoS，即参数随着应用需求的变化而更新的 QoS 管理。

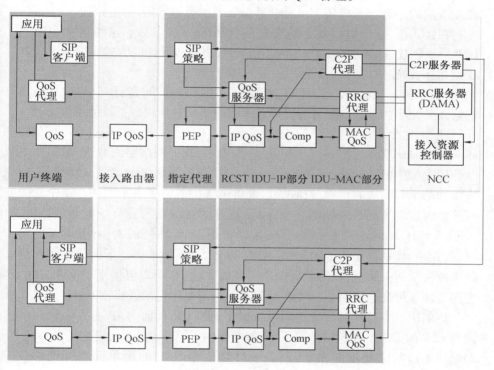

图 4.28　面向接入的 SATSIX 架构（网状案例）

SATSIX QoS 支持以下两种 QoS 管理模型。

（1）QoS 启用。终端节点可借此初始化其应用会话，而无须网络确保特定的 QoS。这种情况提供了灵活（没有限制）的 QoS 管理，尤其适合于没有明显限制的服务（从抖动、延迟、传输速率或丢包率方面而言）。

（2）确保 QoS。其中，仅在应用的 QoS 要求能从网络得到满足时，会话才被接受。在这种情况中，需要确保一定的资源和许可控制，可以另外实施再协商机制。这个模型明显适合于具有极高限制要求的交互式应用(如网络电话、视频会议等)。

一般而言,在高层,这个架构依靠一个或多个 SIP 代理来收集动态配置由卫星段提供的 QoS 所需的会话信息。因此,该信息逐个数据流地修改终端中的 IP 调度器参数和终端的分配配置(如通过修改终端的(DVB-RCS)连续速率分配(Continuous Rate Assignment,CRA)或(DVB-RCS)基于速率的动态容量分配(RBDC max))。

添加额外的"QoS 代理"和"QoS 服务器",可辅助该架构将网络用户或管理员表达的 QoS 指令应用于没有会话信号或固有 QoS 的应用程序。

在接入层,这个架构基于第 2 层连接传输 QoS 参数。这些连接是使用C2P 协议创建、修改和删除的,所提出的解决方案以同样的方式支持了网状和星型拓扑,这也使得终端只能使用一个 SIP 代理。

"接入资源控制器"在 SIP 代理和 NCC 的 DAMA 间具有一个接口,可动态修改分配参数。这个组分的设计意图还在于向其他代理提供通用接入点。

此外,这个架构也提出了不同的优化,尤其是通过定义分层双令牌桶(Hierarchical Dual Token Bucket,HDLB)计划程序,确保网络层的 QoS。HDLB 是从分层令牌桶(Hierarchical Token Bucket,HTB)发展而来的,其通过为每个分支添加基于双漏桶的管理,汲取了后者对服务类的分层表示方法。这个新的调度技术实现了更好地控制突发,以及更好地在各类间分享流量。最后,在IP 层和 MAC 层间定义了反馈回路,用以根据 MAC 队列的大小(及其拥塞情况)控制 IP 计划程序的传输速率(图 4.29)。这项技术提高了两个层间作出的调度决策的一致性:在第 3 层使用了高级方法,在第 2 层使用了简化方法。它还处理了可变链路问题(调制、编码和符号定时均可动态修改)。

该架构也专门针对传统透明系统做了调整(通过面向 IP 的方法),以消除对 C2P 的需求。在这种情况下,网关中使用了第二个 SIP 代理来配置分配。调整后架构的主要不同在于,网关通过终端 QoS IP 的简单网络管理协议(Simple Network Management Protocol,SNMP)来进行远程配置。

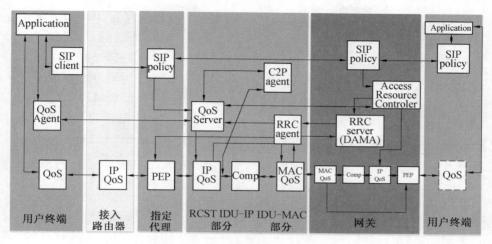

图 4.29　面向 IP 的 SATSIX 架构(星型案例)

4.7　本 章 小 结

IMS 框架中定义的 QoS 架构完美适用于卫星网络系统。与 IMS 会话建立过程中的延迟相比,QoS 实施过程中延迟的影响微不足道。对于与 QoS 相关的效率问题,"透明集成"的架构是最有意义的。此外,由于与 C2P 上下文不具备一致性,因此 QoS 管理中涉及的实施和过程数量都得以简化。

这个架构扩展了欧洲 SATSIX 项目中定义和实施的概念。也就是说,面向 IP 的方法(在传统透明系统案例中不需要 C2P)主要基于 SIP,允许在卫星段内垂直优化 QoS。

对于这个架构,P-CSCF 承担了由并置于网关内的 SIP 代理提供保证的功能。活动资源控制器(Active Resource Controller, ARC)主要起到了 PDF 的作用,但也可通过配置 DAMA 执行的分配,发挥"执行"型功能。QoS 服务器是一个 QoS 控制点(PEF),它将在新的 COPS 架构而非在位于卫星终端中的第二个 SIP 代理中被激活。与部分属于 SATSIX 实验项目的架构(这个架构在终端缺乏 SIP 代理的情况下,通过 SNMP 远程执行 IPQoS 配置)相比,COPS 取代了 SNMP 协议,这对于 QoS 管理来说更为恰当。

由于该架构的开放性,因此将所提出的架构集成入宽带卫星多媒体(ETSI)(BSM)服务质量架构的过程(图 4.30)相对简便。也就是说,P-CSCF、S-CSCF、(IMS)归属用户服务器(Home Subscriber Server, HSS)和应用功能元素执行了服务控制功能(Service Control Function, SCF),而决定功能

（PDP）和 QoS 实施（PEP）本就存在。尽管如此，仍可以注意到，IMS PEF 负责为授权服务配置网关。

　　除一般化之前的两个架构外，IMS QoS 还允许水平集成异构的段，这是 SATSIX 和 BSM 架构难以实现的。最后，也是最为重要的，IMS QoS 集成了对服务的认证和接入控制，而 SATSIX 架构无法提供这些功能，BSM 架构也只从某种程度上处理了服务控制。

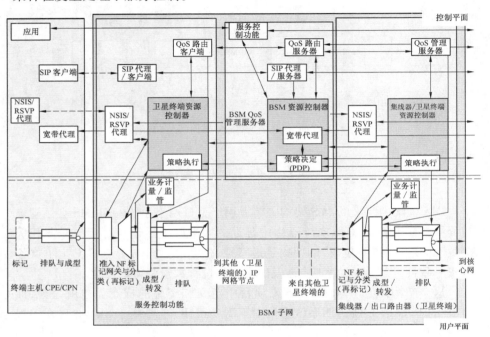

图 4.30　BSM QoS 架构

第 5 章　混合系统间移动性

5.1　概　　述

多年以来,具有卫星回传信道的卫星数字视频广播(DVB-S/RCS)系统在广播和编码技术领域及卫星回传信道方面都取得了重大进展,向用户提供了双向信道访问。这使其对一些特殊用户更具竞争力,因为对于偏远或人口稀少地区及公司网络,接入网都不再需要沉重而昂贵的基础设施。然而,对于这种网络而言,能够向用户提供与地面网络所提供的相同服务是非常重要的。事实上,各种多媒体应用的出现和用户不断增加的移动性已经引出了一些亟待克服的新问题。

为应对这种日益增长的需求,人们已经进行了许多研究。但为地面网络提供的解决方案不全适用于卫星系统的特定限制,卫星系统受较长的传播时延和有限带宽的影响,并且更容易发生传输错误。因此,构建一种合适的体系对于这些网络的发展而言变得至关重要,尤其是在服务质量方面,因为必须考虑多媒体应用的时间要求和移动性管理引入的困难。

首先,本章将通过介绍现有主要的移动类型探讨卫星系统中的移动性问题。5.3 节给出地面网络中为管理移动性而开发的各种最先进的协议;5.4 节在不同层面上给出了两个解决方案,在卫星网络中提供了与地面解决方案兼容的服务移动性,并对这些解决方案的性能进行分析,以确定二者之间的差异和两者能够提供的服务;5.5 节以更广阔的视角给出了一个解决方案,该方案提供了具有 QoS 的移动性服务,与第三代合作伙伴项目的 IP 多媒体子系统兼容。

5.2　移动性的分类

为避免混淆,本章的第一部分给出了术语"移动性"所包含的各种概念,依照近年来的定义来区分移动性的主要类型。

5.2.1 个人移动性

个人移动性的概念用于描述以相同的逻辑标识符与一个用户取得联系的概率,无论该用户在何处、在使用何种通信设备或终端(个人计算机、笔记本电脑、手机等)、使用何种接入技术(全球移动通信系统 GSM、Wi-Fi、以太网等)。因此,同一标识符可以与各种终端关联,若干个标识符可以与同一终端关联。个人移动性的示例如图 5.1 所示。

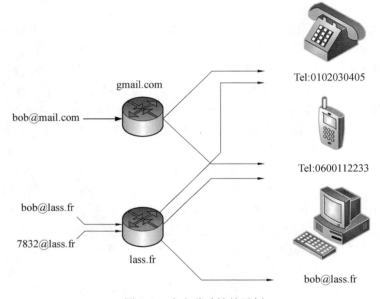

图 5.1　个人移动性的示例

在该示例中,对于试图与 Bob 进行联系的人而言,他可以通过不同标识符(如电子邮件地址)在 Bob 的终端之外以透明的方式与 Bob 取得联系。Bob也可能希望将他的个人标识符(bob@ laas. fr 或 7832@ laas. fr)转接至其他电话,对于他的私人标识符,也希望将其转接至家庭电话和智能手机。

5.2.2 会话移动性

会话移动性必须允许用户在改变终端的同时保持其会话。因此,在智能手机上使用网络电话(Voice over IP, VoIP)通信的用户在到达办公室时可以继续在他的 PC 上通话,而无须中断通信。

5.2.3　服务移动性

服务移动性必须允许用户接入其向接入提供商订购的服务,无论该用户在何处(可能通过其他接入提供商)、在使用何种终端或技术。因此,利用VoIP的例子,无论用户可能在何处,他都可以访问他的联系人列表、来电防火墙、媒体首选项。更一般地说,他可以访问订购服务中包含的所有选项。

5.2.4　终端移动性

终端移动性必须允许用户在改变 IP 网络或子网(因此改变接入点或连接点)的同时保持会话并保持与外界的联系。在这种情况下,用户在会话期间无须更换终端。在文献[MAN 04,KEM 07]中,互联网工程任务组为移动节点(Mobile Node,MN)定义了以下三种明确的移动性类别(图 5.2)。

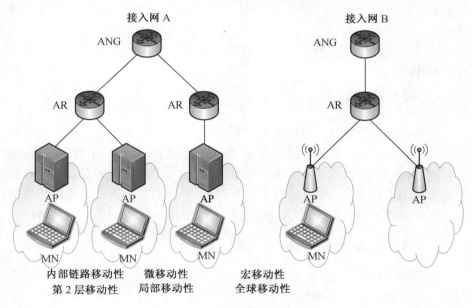

图 5.2　IETF 移动性术语

(1)链路移动性或第 2 层移动性。定义了同一接入网的两个无线 AP 之间的移动性。一般而言,这种移动性仅涉及第 2 层机制或方法,无须重新配置网络或 IP 子网。但 AP 之间交换信息可能需要网络层或更高层的信令。这种移动性也称为水平移动性或内部技术。

(2)微移动性或局部(本地)移动性。指同一接入网之内的移动性,但涉及了网络或 IP 子网的重新配置。然而,尽管使用了"微"和"局部(本地)"这样的术语,但这并不表示这种接入网所覆盖的地理区域不会很大。这可以视为对移动性进行局部化管理,因为为维持 IP 连通性,信令被局限于本地接入网络。

（3）宏移动性或全局移动性。指不同接入网之间无须考虑技术类型的移动性,涉及 IP 重新配置。移动性管理无法在本地完成,会涉及端到端分组路由层面的显著变化。

这些移动性类型可能在系统间移动的情况中出现。

最后,终端的移动性可以按照其"粒度"划分为以下三种类别。

①离散或"游离"移动性。应用于移动中的用户,该用户改变了连接点但没有在进行通信。

②连续移动性。指用户正在移动,同时正在进行通信。该用户在移动的同时可保持联系,但其通信可能被与新 AP 连接的各个阶段、分配新 IP 地址等中断。

③不间断或"无缝"移动性。指用户正在移动,同时正在进行的通信不会受任何中断。

5.2.5　网络移动性

网络移动性指的是一组网络或子网通过一个或更多个改变互联网连接点的移动路由器连接到互联网。例如,当交通工具(火车、船、小汽车、公共汽车、飞机等)内的网络希望在行进中接入 IP 服务时,可使用这种移动性。这些内置于交通工具上的网络可能有本质上的不同。例如,部署在船上的传感器网络交换导航所需的数据,而火车上的接入网络允许乘客在旅途中连接网络。

5.2.6　移动性术语说明

正如此前所说明的,术语"移动性"有许多不同含义,使其成为一个复杂问题。本章将专注于终端移动性,这是目前大多数研究人员正在研究的主题,也是最重要的问题。另外,本书也将说明这种解决方案如何实现对另一种移动性的管理。然而,如果没有说明类型,本章中的术语"移动性"指的是终端移动性。此外,本书更偏向于使用"第 2 层移动性"、"微移动性"或"局部(本地)移动性"、"宏移动性"或"全局移动性"这种区分,而不使用"水平""垂直"这种区分。

5.3　移动性管理协议

在通信系统中,可以在不同层面上管理用户或其终端的移动性,这额外增加了所涉及分层的复杂性。因此,可以凭借物理层和链路层的自适应,通过在第 3 层甚至更高层(如传输层和会话层)中实现移动性协议,从而在最底层管理移动性。本节探讨各种不同的备选方案,特别集中于网络层和会话层协议,并于后续小节中说明这些协议的解决方案。

5.3.1　DVB–RCS 对于移动性的扩展

2011 年经 DVB 联盟批准的 DVB–RCS2 标准于 2012 年得到扩展,包含移动性管理[ETS 12c],最初以 DVB–RCS2+M 的名称为人所熟知。该标准中包含了移动和游离终端的管理,以及实现各点(spot)之间切换的机制。点的移动性由系统的较底层保证,因为必须在较高的协议层处理网关或卫星的移动性。定义前向纠错(Forward Error Correction,FEC)机制是为在移动性中限制卫星链路的遮蔽效应。

该标准中提出了一种管理切换的分布式机制,提供了灵活性和简易性。卫星终端发起切换,但做出最终触发的是负责管理发出请求终端的网络控制中心。该标准也提出了一种由 NCC 完全负责的集中式机制。

在第一种情况中,切换过程可以分解为三个阶段:检测/发信令、决策和执行。ST 负责检测和发信令,而 NCC 需要管理后两个阶段。检测到需要切换后,回传信道卫星终端(Return Channl Satellite Terminal,RCST)必须用"移动性_控制_消息"向 NCC 发出请求,这个消息包含了该请求和所请求的优先点。请求可以访问前向和回传链路,而在后者的情况中将发送两个请求。发送请求应在中断连接前至少 10 s 发出。如有多点请求,NCC 将提供特殊的切换解决方案。

在第二种情况中,NCC 必须能够利用其所拥有的信息来检测网络变化的需要,如利用在终端连接时获得的信息和系统所更新的各种表。NCC 向终端发送切换请求及在一些点中运行所需的所有信息,这些点由终端信息报文 –单播(Terminal Information Message-Unicast,TIM-U)选定。该报文包含移动性描述符、前向连接描述符(新点的特性和连接的物理特性)、回传信道描述符(超帧的序列号和回传信道上的物理信息)、指示了通常向(DVB–RCS)终端时间突发时间计划(Time Burst Time Plan,TBTP)帧所传输信息的控制描述符,以及登录描述符(组标识符 ID 和登录 ID)。接收时,终端必须能够将自身与新点同步,能够在原点中停止发送控制突发数据(Control Burst),并在新点开始登录(NCC 将忽略后者)。

GW 切换应遵守类似的机制,而这在标准中没有详述。

在该层面上管理的点移动性对于高层而言是透明的,对系统造成的影响必须是有限的。但如果系统不具有该管理层,那么可以按下面小节中提出的内容在高层中管理移动性。

5.3.2　通过网络层进行管理:移动 IP

网络层上最常见的部署是 IP,它主要负责将分组从源地址路由至目的地址。目前,该协议以 IPv4 的名称得到部署,有略多于 40 亿个不同地址可以利用。然而,互联网的成功发展意味着在未来几年中,尽管使用了一些解决方案,如网络地址转换(Network Address Translation,NAT)和地址类别划分,但 IP 地址数量仍可能不足。在很大程度上,正是因为地址短缺,人们才开发了新的协议——IPv6。

1. 移动 IPv6

1994 年,得益于新 IPv6 协议的出现,并且为改进在移动 IPv4[PER 02] 中定义的机制,三位研究者向 IETF 提交了 IPv6 移动性协议的提案,称为移动 IPv6,该提案说明了管理 IPv6 终端移动性的方法。然而,关于移动 IPv6 的安全性无法达成一致,以及可能存在各种优化,使得标准化成为一个长期而艰苦的过程,最终于 2004 年才发布了一篇征求评论意见书(RFC)3775。

(1)术语。

移动 IPv6 描述了涉及三个实体的机制。移动 IPv6 终端,可以从一个网络移动至另一个网络,因此将其到一个网络或子网的连接点改变至另一个连接点;归属代理(Home Agent,HA),负责在 MN 处于访问网络时,对发往 MN 的分组进行重定向;对端节点(Correspondent Node,CN),与 MN 通信。因此,可以划分出以下三种网络。

①归属网络,MN 的归属网络。

②对端网络,CN 的网络(可能与归属网络是同一网络)。

③访问网络,MN 移动至的网络(非归属网络)。

为使 MN 始终可访问,向其分配一个被称为归属地址(Home Address,HoA)的永久地址;此外,当其处于访问位置时,向其分配一个被称为转交地址(Care-of Address,CoA)的临时地址。

（2）基本原理。

当 MN 处于归属网络时（图 5.3（a）），依据路由表以标准方式进行路由，因为在其归属地网络中，MN 充当"固定的"IPv6 终端。当 MN 移动到访问网络中时（图 5.3（b）），其具有一个前缀明显属于访问网络的 CoA。为此，MN 在到达访问网络时，直接收到一个主动路由器通告（Router Advertisement，RA），或者发送一个路由器请求来迫使其发送 RA。由于该报文，MN 确定了网络的前缀，因此 IPv6 自动配置机制 IPv6[THO 98]（前缀和媒体访问控制地址的组合）能够给自己构建一个地址。一旦通过了重复地址检测（Duplicate Address Detection，DAD）机制[THO 98]，则 MN 通过向 HA 发送绑定更新（Binding Update，BU）来向 HA 注册其 CoA，BU 包含了其归属地址和临时地址。随后 MN 等待来自其 HA、通过绑定应答（Binding Acknowledgment，BACK）的响应。HA 充当代理的作用（图 5.3（c））：CN 向 MN 发送的分组（对 MN 的移动性透明）由 HA 拦截，HA 对这些分组进行封装并将其"引导"至 MN 的 CoA 目的地址，而 MN 通过 HA 将其分组发送给 CN。

（3）路由优化和返回路由可达性测试（Return Routability Test，RRT）过程（图 5.4（a））。

移动 IPv6 带来的一个主要改进在于，MN 可以通过与对端节点直接交换 BU/BACK 报文来将其临时地址告知给对端节点。实际上，移动节点的 HA 进行的系统路由在网络层仍然是特别低效的，尽管这易于实现且安全，因为 HA 和移动节点之间的通信受 IPsec 的保护。例如，如果移动节点移动至远离其归属网络的位置，并与附近的服务器通信，那么直接通信比经由 HA 更加高效。这节省了互联网资源，尤其对于归属网络而言。此外，如果 HA 需要转发数量巨大的 MN 分组，那么 HA 可能无法处理这种负载。

当 MN 收到最初来自 CN、由 HA 封装的分组时，MN 可以决定以与 HA 相同的方式利用交换 BU/BACK 报文（图 5.4（b））将其 CoA 发送给 CN。由于使用两个 IPv6 选项——2 型路由报头和目的选项报头，每个 IPv6 分组中都加入了这两个选项以指示 MN 的 HoA，因此这允许 CN 与 MN 直接通信（图 5.4（c））。随后，这些分组从 CN 被直接路由到 MN（反之亦然），但当 MN 收到了接收地址是其 CoA 的分组时，MN 从路由报头中采集其 HoA，该 HoA 被用作分组的最终目的地址。这就是允许移动 IPv6 以"优化"模式对应用透明的机制。然而，必须在 CN 的层面上实现移动 IPv6 及路由优化。

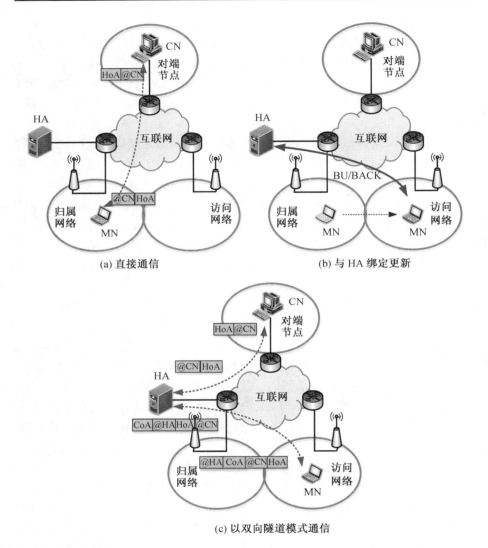

(a) 直接通信　　　　(b) 与 HA 绑定更新

(c) 以双向隧道模式通信

图 5.3　移动 IPv6 中双向隧道的实现

　　实际上,不是所有可能的 IPv6 对端节点都一定支持路由优化。如果不支持路由优化,那么对端节点进行应答,即无法理解 BU,通信仍然通过 HA。

　　设计移动 IPv6 协议的路由优化阶段期间出现的另一个问题是:BU 机制引发了显著的安全问题。实际上由于管理关系,因此很容易保护 MN 和 HA 之间的信令交换。举例来说,这种关系使得使用共享密钥成为可能。对端节点而言,这复杂得多,但绑定更新的安全性至关重要。如果没有保护,就可以

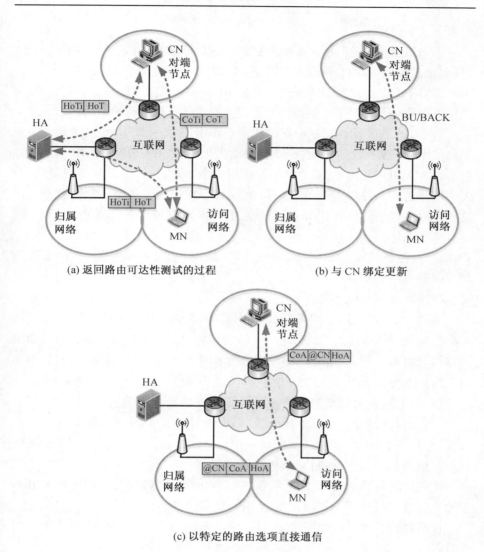

(a) 返回路由可达性测试的过程

(b) 与 CN 绑定更新

(c) 以特定的路由选项直接通信

图 5.4 移动 IPv6 中的路由优化过程

通过对流量进行重定向将通信从移动节点转移,以进行窥探或实施拒绝服务攻击。这就是为什么要规定一种被称为 RRT 的过程以保护 MN 及其对端节点之间的信令。

(4)小结。

尽管改进了路由优化机制,但移动 IPv6 仍受到延迟的影响,这种延迟导致重要分组丢失,因此是不利的,尤其对于"实时"应用而言。这种延迟主要由以下三个因素引起。

①第 2 层切换延时(检测网络变化和关联新 AP)。

②配置一个新的 CoA(获得地址和 DAD)。

③对于 HA 和 CN,RRT 过程所需的 BU/BACK 交换和报文。

下面的小节提出了一些解决方案以克服这些与延时有关的问题。

由于 HA 在移动性机制中发挥的中心作用,因此移动 IPv6 也受到另一个问题的影响。实际上,如果没有执行路由优化,那么 HA 故障(崩溃、拒绝服务攻击、HA 无可用路由等)会导致 MN 通信完全中断,并且如果网络有变化,会无法保持通信。因此,IETF 依据 HA 冗余性原理提出了各种可靠性机制。但这样做的缺点是使移动 IPv6 更加复杂,在必要的基础设施方面更加笨重,因此有待标准化。

最后,当数量巨大的 MN 与同一 HA 关联时,会由 HA 所发挥的中心作用而引起拥塞。

2. 移动 IPv6 快速切换

移动 IPv6 快速切换(Mobile IPv6 Fast Handover,FMIPv6)[KOO 09] 是为 IPv6 移动性提出的最有前景的改进之一。该协议的目的是通过改善 MN 的移动检测时间及新 CoA 的注册时间来缩短切换延时。因此,FMIPv6 定义了独立于第 2 层技术的新机制,使得 MN 能够实现以下操作。

(1)在移动前有效地配置下一网络的 IPv6 地址。

(2)一检测到新链路就发送分组(归因于 IPv6 地址的预配置)。

(3)一旦新的接入路由器(Access Router,AR)检测到其连接,MN 就接收分组(通过隧道和缓存机制)。

这些机制与移动 IPv6 完全兼容(或者如标准所规定的,与其他管理 IPv6 移动性的协议兼容,但本章中假定使用的是移动 IPv6)。

在最好的情况下,总中断时间可以缩短至因第 2 层重新绑定而产生的中断时间。

为此,出现了新的实体,分别对应于切换前后 AR 的原接入路由器(Previous Access Router,PAR)和新接入路由器(New Access Router,NAR)。此外,定义了两个临时地址,分别对应于从 PAR 和 NAR 获得临时地址的原 CoA(Previous CoA,PCoA)和新 CoA(New CoA,NCoA)。图 5.5 所示为 FMIPv6 的参考体系。

当 MN 仍与 PAR 连接时,由于第 2 层机制,MN 可以在未来可能的 AP 上获得信息,这些 AP 是 MN 可以与之连接的,因此 FMIPv6 的原理是允许 MN 通

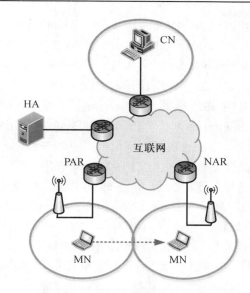

图 5.5　FMIPv6 的参考体系

过与一个或多个 AP 对应的 AR 向其 PAR 请求信息,这些 AP 是通过向 PAR 发送一个代理通告的路由器请求(Router Solicitaton for Proxy Advertisement, RtSolPr)、互联网控制报文协议报文发现的。该报文指明了所发现 AP 的标识符(MAC 地址)。在该报文的应答中,PAR 发送另一个 ICMP 报文,这次发送的是代理路由器通告(Proxy Router Advertisement PrRtAdv),其中指明了有关周围 AR 的信息,这些 AR 与所指明的 AP 对应。该信息以 AP-ID、AR-Info 的格式呈现。AR-Info 可能包含:新路由器的 MAC 地址;新路由器的 IP 地址;新路由器给出的 IPv6 前缀;如果 PAR 在未收到 MN 请求的情况下发送了 PrRtAdv,可能有一个 NCoA。如果存在该选项,MN 不希望丢失连接就必须立即发送一个快速绑定更新(Fast Binding Update,FBU)。

　　一旦 MN 接收了 PrRtAdv 报文,FMIPv6 就定义两种运行模式:预测模式和反应模式。

　　(1)FMIPv6 预测模式。

　　在可能的情况下,MN 一收到 PrRtAdv(必要情况下配置一个 NCoA),就通过相应的第 2 层链路直接向 PAR 发送 FBU。当 MN 从同一连接中收到快速绑定应答(Fast Binding Acknowledgment,FBACK)时,就使用预测模式(图 5.6)。若非如此,MN 认为 FBU 丢失,下次从新链路发送 FBU,从而对应于反应模式。

　　当 PAR 收到 FBU 时,其中指明了 MN 的 PCoA 和作为备选 CoA 选项的

NCoA，PAR 向 NAR 发送发起切换（Handover Initiate，HI）报文，该报文包含 MN 的 MAC 地址、PCoA 和 MN 希望使用的 NCoA。于是，NAR 使用切换应答（Handover Acknowledge，HACK）报文响应，该报文指明了是否接受切换。如果接受了切换，报文也包含 MN 应使用的 NCoA，而在此之前，NAR 必须执行 DAD 步骤。随后，PAR 通过该指定 NCoA 向 MN 发送 FBACK，因此实现了 PAR 和 NAR 之间的隧道：PAR 对发往 MN 的 PCoA 的分组进行拦截，并将其发送至 NAR，如果 MN 已经连接，该 NAR 可以将这些分组发至 MN 的 NCoA，否则将这些分组缓存。MN 一旦收到 FBACK，就能够改变连接并连接至 NAR。一旦 MN 完成了连接，就应立即向 NAR 发送非请求邻居公告（Unsolicited Neighbor advertisement，UNA）报文，该 NAR 随后可以发送 MN 的分组。然后，MN 可以再次经由反向隧道（如 MN→NAR→PAR→CN，如果移动前 MN 和 CN 直接通信）开始发送分组。该双向隧道维持足够长的时间，使得 MN 能够与其 HA 交换 BU/BACK，并可能与其 CN 交换 BU/BACK。

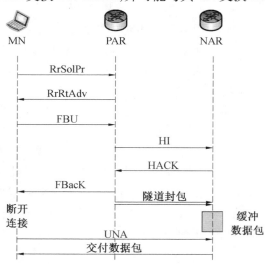

图 5.6　预测模式中 FMIPv6 交换的报文

（2）FMIPv6 反应模式。

当 MN 无法从与其 PAR 通信的链路发送 FBU 时，或者在 MN 从该连接发送了 FBU 但在改变连接网络前未收到 FBACK 的情况下，FMIPv6 的运行模式被称为反应模式。MN 一旦与 NAR 连接，就立即向 NAR 发送 UNA 报文，随后向 PAR 发送 FBU（尽管 MN 先前已经从原网络发送了该报文，但无法确认 PAR 是否收到），NAR 仅仅对报文进行传递。随后，HI/HACK 报文以与预测模式相同的方式交换。因此,PAR 能够通过 NAR 将 FBACK 及分组以隧道形式发往 MN,直至移动 IPv6 报文交换结束。NAR 至 MN 方向,一旦 MN 收到了FBACK,就可以在交换移动 IPv6 报文期间通过双向隧道再次开始发送分组。图 5.7 所示为反应模式中 FMIPv6 交换的报文。

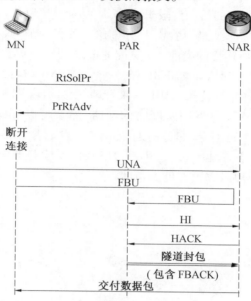

图 5.7 反应模式中 FMIPv6 交换的报文

(3)网络发起的切换。

在某些无线技术中,切换可以由网络发起,而非由移动节点发起。在这种情况中,PAR 发送包含 MAC 地址、IP 地址、NAR 子网前缀的主动 PrRtAdv报文。因此,MN 必须配置一个 NCoA 并向 PAR 发送 FBU。根据 MN 是否从与 PAR 通信的链路收到 FBACK,剩余的操作遵循先前说明的两种模式之一。

3. 分层移动 IPv6

当移动节点在相同域内改变其互联网连接点时,尤其是当 MN 行进的距离相比 MN/HA 和 MN/CN 的距离较短时,移动 IPv6 的机制显得相对低效。实际上,每次移动至少需要一次主机网络和 HA(BU/BACK)之间的交互。此外,如果 MN 正处于与若干个 CN 的通信之中,并且希望与它们重新建立直接通信,那么 MN 必须交换数量巨大的报文(如在无线技术的框架中),这在系统负载方面是不利的。

随后,人们提出了分层移动 IPv6(Hierarchical Mobile IPv6,HMIPv6)[SOL 08],

以便基于分层移动性管理模型来更好地管理这些在一个域内的移动。为此，HMIPv6 提出使用一个新的实体——移动性锚点（Mobility Anchor Point，MAP）。这是一个位于由若干个主机网络组成的域的路由器，MN 将其用作本地 HA。如果 MN 在 MAP 域范围内移动（本地域，其中 MAP 对移动性进行管理），IPv6 移动性所需的信令仅限于该域，从而对 HA 和 CN 透明。HMIPv6 也定义了两个新的临时地址：由 MAP 分配给 MN 的区域 CoA（Regional CoA，RCoA），和由 MN 所连接的当前 AR 分配的链路 CoA（On-Link CoA，LCoA）。

需要强调的一点是，正如 FMIPv6 一样，HMIPv6 与移动 IPv6 完全兼容。因此，MN 可以选择是否使用 HMIPv6 来管理其移动性（例如，如果 MN 处于归属网络或者处于一个靠近归属网络的网络，那么可以选择使用其 HA 而非MAP，但本节的目的不是说明何时做出该选择，故不做过多讨论）。但HMIPv6 可以独立于移动 IPv6 使用（无 HA），以连续若干个 MAP 发挥 HA 的作用。图 5.8 所示为 HMIPv6 的参考体系。

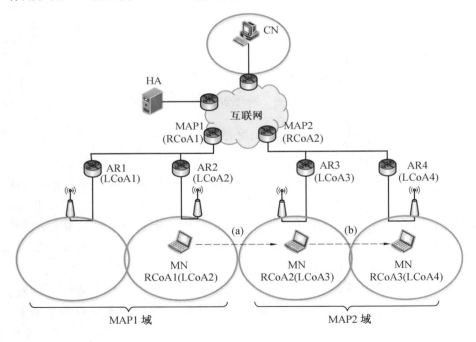

图 5.8　HMIPv6 的参考体系

（1）随 MAP 域变化的移动性。

尽管使用 HMIPv6 主要关注的是一个 MAP 域之内的移动性，但 HMIPv6也能够实现域变化期间的管理。因此，当 MN 到达新的 MAP2 域时（图 5.8 和

图 5.9(a)),必须配置其新的 RCoA 和 LCoA。为此,当收到来自 AR3 的 RA
时,MN 确定包含了一个或多个 MAP IP 地址的 MAP 选项(该选项必须由网络
管理员在 AR 及其收到报文的层面手动配置)。随后 MN 选择具有最高优先
值的 MAP。在本例中,MN 获得了 MAP2 IP 地址,这允许 MN 按文献
[DEV 07]中的说明配置其(HMIP)区域转交地址(RCoA2)。MN 也通过传统
的 IPv6 自动配置机制构建其 LCoA3。

　　随后,MN 利用本地绑定更新(Local Binding Update,LBU)将其 RCoA2 和
LCoA3 之间的新关联告知 MAP2。MAP2 再利用含有 2 型路由报头的 BACK
应答,其中包含了 RCoA2。得到其 MAP 的注册后,MN 必须以与移动 IPv6 相
同的方式,通过交换 BU/BACK 告知其 HA,并可能告知其 CN,这些 BU/BACK
指明了 MN 的 RCoA2 和 HoA 之间的关联。一旦完成了这些操作,MAP2 以与
HA 使用 HoA 和 CoA 相同的方式,通过拦截发往 RCoA2 的分组并将其封装发
往 MN 的 LCoA3 来发挥代理的作用。

　　最终,MN 通过向 CN 发送一个指明了 LCoA3-HoA 关联的 BU 报文,与
CN 直接通信(如果 CN 位于同一子网,那么无须经由 MAP),但图 5.9 中没有
展示这种情况。

　　(2)MAP 域内的移动性。

　　使用 HMIPv6 的优势在于其为在同一 MAP 域内的移动。实际上在这种
情况(图 5.8 和图 5.9(b))中,MN 只需向 MAP2 发送 LBU 来告知 MAP2,MN
已经拥有本地 LCoA4 地址,因此无须向 HA 和 CN 发送报文。从而 HMIPv6 通
常可以用作同一接入网内移动性管理的解决方案。然而,这涉及了 MAP 和
MN 之间的 IPv6/IPv6 封装,可能对 MN 所使用的无线链路不利。

　　(3)HMIPv6 和 FMIPv6 结合。

　　尽管在 MAP 域内移动方面效率较高,但 HMIPv6 在管理这种移动方面花
费的时间还是长于 FMIPv6。实际上,它加入了 MN 和 MAP 之间额外的 LBU/
BACK 交换。

　　为减少这种移动的影响,HMIPv6 建议通过指定其新的 LCoA 来向原 MAP
(本例中为 MAP1)发送 LBU。如获授权(如在同一管理域内),就可以向 MN
的新位置发送分组,但本书未说明这个阶段,其原理与 FMIPv6 的原理一致。

　　因此,出现了将 HMIPv6 与 FMIPv6 结合的概念。这种组合也称为
F-HMIPv6,如先前 HMIPv6 对应的 RFC 在其附件中所说明的,能够以多种方
式实现这种组合。正如 FMIPv6,第一种解决方案包括了实现一条 MN、PAR
和 NAR 之间的隧道,但这将在 MAP 和 PAR 之间形成一个双重路径。为避免
这种情况,人们提出了实现一条 MN、MAP 和 NAR 之间隧道的第二种解决

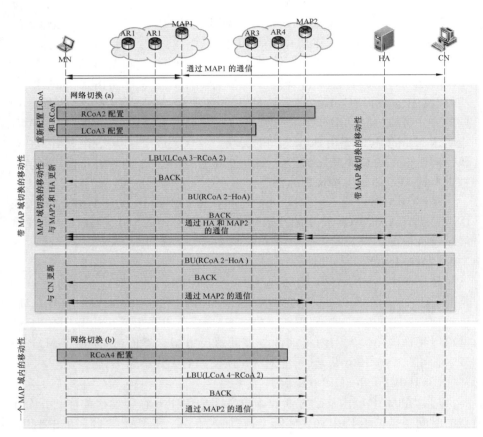

图 5.9　HMIPv6 进行移动性管理

方案。

　　将这种最终结合应用到图 5.8 所示的示例中。在图 5.8(a) 的情况中,切换时间方面的收益对于 HMIPv6 而言是显著的,因为在第 2 层切换期间,从 PAR 或 MAP 重新发送了分组,而 FMIPv6 仅增加了 MAP–PAR 连接的双重路径;然而对于图 5.8(b),这两种协议的相互受益较为显著,因为 FMIPv6 不仅避免了无用的双重路径,而且消除了第 2 层延迟时间,MN 无须更新其与 MAP 的关联,而非无须更新其与 HA 和 CN 的关联。

4.代理移动 IPv6

为网络能够进行完全管理,人们提出了另一项有关 IPv6 移动性的提案。经过若干年的研究,IETF NetLMM 工作组提出了名为代理移动 IPv6(Proxy Mobile IPv6,PMIPv6)的标准[GUN 08]。Kempf 最初提出了单纯基于网络的移动性解决方案的要求,这将允许任何 MN 在不同接入网之间移动,无须自身实现具体的移动性解决方案。

(1)基本原理。

PMIPv6 定义了 PMIPv6 域的概念,其中的移动性由该协议管理。位于 PMIPv6 域之内的 MN 与本地移动锚点(Local Mobility Anchor,LMA)连接,LMA 发挥了 MN 的 HA 的作用。此外,当移动时,MN 连接到连续的移动接入网关(Mobile Access Gateway,MAG),MAG 发挥了 AR 的作用,这些 AR 负责与 MN 移动性有关的信令。因此,PMIPv6 原理是模拟 MN 始终处于为其分配归属网络前缀(Home Network Prefix,HNP)的归属网络,该 HNP 单独分配给该 MN,MN 从而将 PMIPv6 域视为单一连接。PMIPv6 也规定,LMA 能够向同一 MN 分配若干个 HNP(同样地,这些 HNP 仅会分配给该 MN),但在下述内容中,将假定分配了单个 HNP。图 5.10 所示为 PMIPv6 的参考体系。

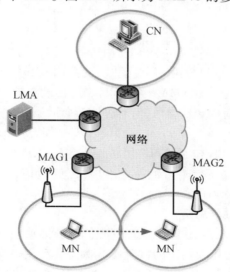

图 5.10　PMIPv6 的参考体系

当 MN 到达 PMIPv6 域中时(图 5.11),必须首先连接其自身发现的接入网。因此,MAG1 能够检测到该 MN 的到达并利用其标识符或 MN-ID(可以是网络接入标识符或 MAC 地址)确定 MN 是否得到授权使用移动性服务。如果 MN 得到了授权,那么 MAG1 向 LMA 发送包含 MN 标识符的代理绑定更新(Proxy Binding Update,PBU)。随后向 MN 分配一个 HNP,更新关联表并实现 MAG1 至代理 CoA1 的双向隧道,代理 CoA1 被视为是 MN 的当前 CoA。然后 LMA 使用包含 MN HNP 的代理绑定应答(Proxy Binding Acknowledgment,PBA)响应 MAG1。MAG1 也执行实现至 LMA 地址(LMA Address,LMAA)的隧道和向 MN 传输分组所需的机制。MAG1 向 MN 发送 RA,其中指明了 HNP,即 MN 必须使用配置其 HoA 的 IPv6 前缀。此后,LMA 将所有发往该前缀的分组都路由至 MAG1,MAG1 依次向 MN 发送这些分组。MN 发送的分组将遵循相同的路由。

当 MN 改变网络从而改变 MAG 连接时,MAG1 发现连接断开,并利用 PBU/PBA 交换发起向 LMA 注销的步骤。随后,LMA 在删除 HNP 与代理 CoA1 之间的关联后启动一个定时器。一旦 MN 以前述的方式连接到 MAG2,LMA 和 MAG2 之间的双向隧道就得以实现,所有来自和去往 MN 的通信都经由这条新隧道。

需要指出的是,在图 5.11 中,在 MAG2 上注册及执行 MAG1 上的注销这两个过程是不相关的,可以同时甚至以相反顺序发生,这取决于 MAG 检测到连接/断开的时间。

(2)多接口管理。

PMIPv6 标准为 MN 提供了同时使用若干个接口的可能性。在这种情况中,LMA 必须向每个接口分配一个移动性会话(以及一个或更多 HNP)。对于两个接口间切换的情况,LMA 根据 PBU 中给出的参数(使用的接入技术和切换标志),决定何时创建新会话,何时更新新会话。

(3)路由优化。

当 MAG 检测到 CN 位于与 MN 相同的链路上时,PMIPv6 也提出了避免通过 MAG-LMA 隧道的可能性。但在标准中没有说明 MN 和 CN 之间直接通信,这可能与使用移动 IPv6 一样会导致长延迟。

5. 网络层移动性的总结

如前所述,人们已经在网络层上提出了大量移动性管理协议。实际上,移动性管理协议在分层模型中的位置使得保持移动用户的连通性成为可能,而无须考虑所使用的技术,并实现了使切换对高层透明。各种改进也通过加强移动检测和注册新地址的机制(FMIPv6)及降低简化域信令的移动性(HMIPv6)帮助限制切换时间。此外,也提出了面向网络的管理(PMIPv6),以避免 MN 独自实现移动性机制。

然而,这些解决方案存在一些劣势,包括需要改变网络的基础设施(HA、

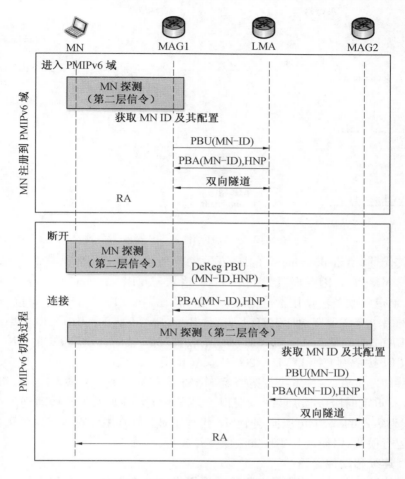

图 5.11　MN 进入 PMIPv6 域和切换过程

PAR、NAR、MAP MAG、LMA)，MN 一进入访问网络就向每个 IP 分组加入额外的报头，使用了双向隧道，这在分组路由长度和中断时间方面是不利的。

5.3.3　使用会话发起协议的移动性管理

会话发起(Session Intiation Protocol，SIP)协议的基本功能之一是管理移动 SIP 客户端的游牧移动性(无进行中通信的移动性)，第 2 章中提出了这个协议，并作为 IMS 3GPP 体系的基础，由重定向服务器直接实现(图 5.12)。

这里，考虑这样一个例子，即 MN 从归属网络(1. domaine. fr)移动到访问网络(2. domaine. fr)，无正在进行的 SIP 会话。一旦进行了该移动，MN 就必

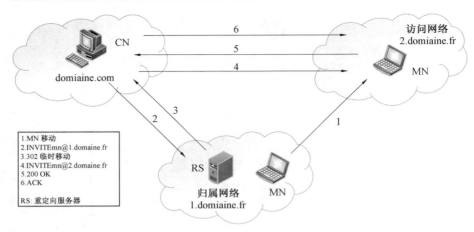

图 5.12　游牧移动性的 SIP 管理

须向其代理(负责 domaine.fr 的所有子域)注册以更新其位置。移动之后,CN
试图与 MN 通信,因此向其发送 INVITE 请求至 URI sip：mn@1.domaine.fr。
最后,重定向服务器使用标准的"302 临时移动"报文应答,指明了可以与 CN
通信的另一个统一资源标识符(Uniform Resource Identifier,URI),本例中指明
的是 URI sip：mn@2.domaine.fr。最后,收到"302 临时移动"报文的 CN 通过
新的 URI 按惯例交换 INVITE/200 OK/ACK 报文,会话开始。

　　移动发生后,这种解决方案假定 MN 必须仅向负责其归属网络的 SIP 代
理(及其重定向服务器)重新注册以更新其位置,但如果 MN 移动到另一个
SIP 代理负责的域,也可以向这个 SIP 代理注册。标准中没有规定这种重新注
册的运行模式,以便使其实现方法保持开放。

1. 连续移动性管理

　　尽管游牧移动性管理是 SIP 移动性提供的一个重要优点,但本章中最关
注的方面是 SIP 移动性管理(同时正在进行通信)。通过使用 SIP,改变网络
的同时保持 SIP 会话(如 VoIP 会话)成为可能。

　　为解决这个问题,有一个解决方案基于通过在会话期间改变网络的 MN
发送 Re-INVITE 报文。这个 Re-INVITE 报文的格式与传统的 INVITE 报文
相同,其 Call-ID 与初始 INVITE 报文相同。不过,必须在"contact(联系)"字
段的层面及会话描述中修改 MN 地址,以便会话可以从新的位置重新开始。

　　在待发送的媒体类型、待使用的编解码器等方面,会话描述也可以改变,
这是应用层移动性管理的优势之一。实际上,通信可以通过协商新的参数来
适应支持层(Support Level),而不像对应用透明的较低层解决方案。连续移
动性 SIP 管理如图 5.13 所示。

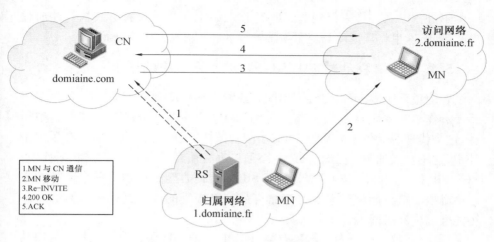

图 5.13　连续移动性 SIP 管理

基于 SIP 的移动性解决方案有助于避免使用三角路由,仅需要与传统 SIP 体系相同的基础设施,并且对 IPv4 或 IPv6 有效。此外,用户定位是该协议的基本功能,SIP 也有助于管理会话、个人和服务的移动性。

2. 局限

正如使用传输层的移动性解决方案,基于 SIP 的移动性仅仅有助于管理 SIP 本身控制的应用。但这种解决方案提供了传输一些信息的优势,这些信息在对时间约束较高的应用进行 QoS 管理方面非常有用,该解决方案帮助发起这些信息的传输。不过,该解决方案必须与另一种解决方案结合,以实现所有应用类型的移动性管理。下节将把这两种方案作为一种解决方案进行讨论,这种解决方案在 IMS 上下文中用于带 QoS 保障的移动性。

5.4　混合系统中移动性解决方案的实现

本节探讨的是将全面的移动性解决方案整合到卫星系统中。实际上,卫星引入的 250 ms 的延时会在改变网络期间显著延长中断时间。但如果卫星系统未来确实要与互联网结合,那么实现与地面网相同的服务对卫星系统而言是非常重要的,移动性是最必不可少的服务之一。

第一个目标是评估 DVB-S2/RCS 卫星系统框架中最有前景的移动性解决方案。本节将集中于未来最有可能实现的移动 IPv6、FMIPv6、HMIPv6、SIP。实际上,移动 IPv6 及其扩展提供的优势适应所有应用类型,而对于多数下一代网络架构,SIP 是优选的多媒体会话信令协议。

不过,SIP 移动性未得到全面规范化。例如,可以以多种方式执行注册程序。因此,这里将从说明与卫星系统整合的 SIP 移动性操作开始。

5.4.1　SIP 移动性在 DVB-S2/RCS 系统中的规范

在卫星系统中,可以以许多不同方式看待 SIP 移动性。实际上,可将卫星系统看作单一而全面的域。在这种情况中,只需要一个代理。对于星型拓扑,这个代理明显位于 GW 层;而对于网状拓扑,代理位于 NCC 层。在星型拓扑中,这不会增加额外延时,因为所有通信都必须经过 GW;但在网状拓扑中,每个 SIP 报文需经由 NCC,这对每个 SIP 报文而言至少增加了一个额外的卫星中继段。这可能对于实现通信而言是可以接受的,但在管理移动性方面,可能会因中断时间太长而无法实施。

因此,建议一种分布式解决方案,将 SIP 代理部署在每个 ST 层,这将使其与网状和星型拓扑兼容,如果正在进行通信,将降低建立会话和中断的延时。此外,以结合 QoS 和移动性的整合解决方案的观点来看,这个选择将与 NGN 架构兼容。

下面章节将详细讨论使用移动 SIP 客户端重新注册和重新发起会话方面的实现选择,考虑了已有的各种可能性。

1. MN 的 SIP 重新注册问题

如果 MN 起初在其归属 SIP 代理注册,在不同卫星系统的网络之间移动,无论如何,必须在两个 SIP 代理上执行重新注册:新 SIP 代理负责 MN 已经移动到的域,归属 SIP 代理因此可以将发往 MN 的 SIP 请求重定向至新 SIP 代理。

此外,如果 MN 从第一个访问网络移动到第二个访问网络(两个网络都不是归属网络),那么 MN 必须向负责第一个访问网络的代理注销。

该标准对此没有明确规定,有以下几种考虑了卫星的特定约束的解决方案。

(1)为涉及的每个 SIP 代理发送一个 REGISTER/DEREGISTER 报文(图 5.14)。

这些报文可以从 MN 同时发送以节约时间,注册时间是两个卫星中继段的最小值,或者 600 ms(可以认为一个卫星中继段=卫星链路上的传播时间(250 ms)+Wi-Fi 和/或以太网上的传播时间+发射器、接收器上的处理时间=350 ms)。但这种方法需要在 MN 刚刚连接到的无线链路上发送三个相同的报文,在带宽利用方面效率较低。

(2)向归属 SIP 代理发送一个 REGISTER 报文,归属 SIP 代理负责向涉及的其他代理发送其他报文(图 5.15)。

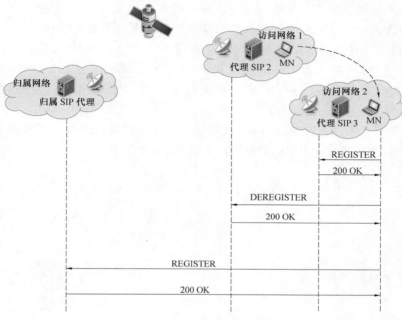

图 5.14　MN 注册的发起

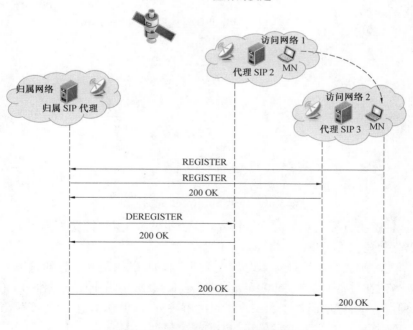

图 5.15　归属 SIP 代理发起的注册

　　这种解决方案消除了通过无线链路发送三个报文的问题,但造成了注册时间方面的问题。假定 REGISTER/DEREGISTER报文同时从"归属代理 SIP"发送,需要四条经由卫星链路的通道。在游牧移动性的情况中,这种方法是可以接受的,但对于连续移动性而言,中断时间会增加至少 1.2 s(300 ms× 4),这是无法接受的。此外,这种解决方案涉及六个经由卫星链路的 SIP 报文。

　　(3)向负责 MN 所在域的 SIP 代理发送一个 REGISTER 报文,随后该 SIP 代理向其他代理发送 REGISTER/DEREGISTER 报文(图 5.16)。

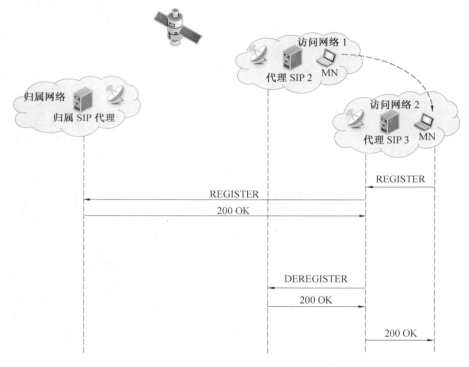

图 5.16　本地 SIP 代理发起的注册

　　这种解决方案实现了对无线链路(两个报文)和卫星链路(四个报文)的最佳利用,还实现了最小 600 ms 的注册时间。

　　第三种解决方案涉及了本地 SIP 代理发起的注册,是最理想的解决方案。然而,当正在进行通信时,600 ms 的注册延时在移动期间仍是不利的。因此在这种情况下,将使用基于第三个提议的解决方案,但在本地 SIP 代理收到第一个 REGISTER 报文后就将最终的 OK 报文发回给 MN(图 5.17)。

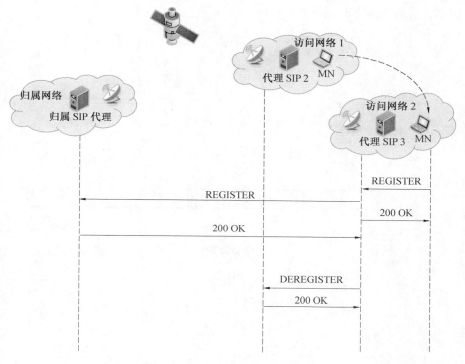

图 5.17　所选的 SIP 重新注册 MN 方案

　　这种解决方案(图 5.17)速度较快,但无法保证确实向归属网络进行了重新注册和向原网络进行了注销。如果网络提供的不是保证 QoS,而是尽力而为服务,那么这是可以接受的。相反,在图 5.16 中,执行重新注册程序的时间较长,但这保证了确实向归属网络进行了重新注册和向原网络进行了注销。在游牧移动性的情况下,可以使用这种模式且不存在不利因素。

2. 在连续移动性的情况下重新发起 IP 会话的问题

　　一旦完成了注销,就需要将网络地址变化告知对端节点。为此,如 5.3.3 节所示,当移动发生时,正在进行的 SIP 会话会被重新初始化(Re-INVITE)。

　　但这种解决方案仅考虑了这样一种情况,即通信两端通过直接相互交换报文来重新发起通信,而没有说明所有报文必须经由 SIP 代理的情况。

　　图 5.18 所示为在会话进行中,MN 移动后重新初始化 SIP 会话所需的报文过程。假设图中至少需要五个卫星中继段,几乎同时发送 200 OK (UPDATE)和 200 OK(Re-INVITE)报文。因此,对于 SIP 报文交换,这对应最少1 500 ms 的中断时间(为得出总中断时间,也需要考虑重新获取 IPv6 地址

的第 2 层重新绑定时间等）。

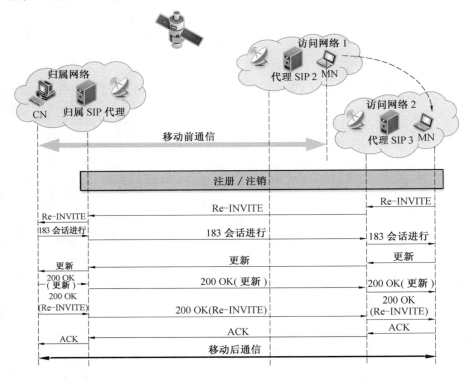

图 5.18　在会话进行中，MN 移动后重新初始化 SIP 会话所需的报文过程

关于对 SIP 协议进行资源预留的扩展[CAM 02]（见第 2 章），很难实现连续移动性，除非移动终端配备两个接口，在第一个接口上继续通信的同时可以从第二个接口重新发起会话。如果情况并非如此，Re–INVITE/OK/ACK 的传统 SIP 报文增加 600 ms 的延时，对 MN 而言更适合。

SIP 的作者甚至提倡仅仅基于 Re–INVITE 和 OK 报文进行重新初始化，而不使用应答（ACK）报文，该报文本质上旨在使接收 OK 报文更加可靠，而这使得交换 SIP 报文的中断时间产生了额外 300 ms 的延时。事实上，如果假定 CN 在收到 200 OK 后就发送报文，那么相比使用了 ACK 的情况（在这种情况中，CN 将在收到 ACK 时发送其首批分组，这是在两个卫星中继段之后），MN 收到首批分组的时间将提前 600 ms。

这里主要讨论与标准兼容的解决方案。所选的重新发起 SIP 会话的解决方案如图 5.19 所示，假定通过交换 Re–INVITE/200 OK/ACK 报文来重新发起 SIP 会话，如果需要实现 QoS，那么这将在 OK 报文层面实现。但在传统 SIP

会话重新初始化的情况中,可能遵循[CAM 02]。通过比较,考虑这样一种情况,即继续交换 ACK 报文,但在收到 OK 报文后就可以重新开始通信。

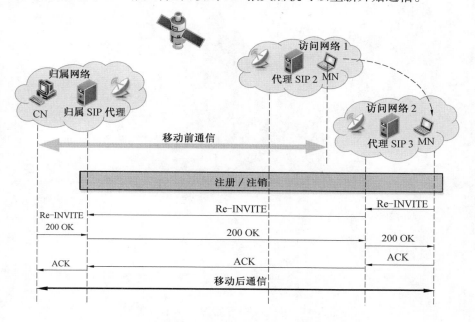

图 5.19 所选的重新发起 SIP 会话的解决方案

5.4.2 理论评估和建议

本节将利用理论来评估所提出的每种移动性解决方案(移动 IPv6、HMIPv6、FMIPv6、移动性 SIP)的中断时间和分组传输延时,针对不同类型的移动进行评估,包括图 5.20 所示卫星系统中的三种主要移动类型。在此过程中,假定卫星系统组成如下。

(1)一颗再生模式的卫星。

(2)三个配备一条 DVB-RCS 回传信道的 ST/GW,彼此直接通信。此外,GW/ST1 将卫星系统与互联网的其他部分连接。

(3)每个 ST/GW 之后为一个用于 SIP 移动性的 SIP 代理,一个用于 HMIPv6 的 MAP。

(4)归属网络经由 GW/ST1 连接至卫星系统,包含用于移动 IPv6 及其扩展的 HA。

(5)对端网络经由 ST3 连接至卫星系统,包含 CN。

(6)主机网络 1 和 2 经由 ST2 连接至卫星系统。

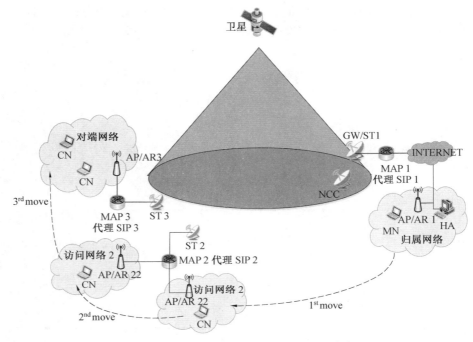

图 5.20　卫星系统中的三种主要移动类型

（7）所讨论的所有网络（归属网络、对端网络、访问网络）都为 Wi-Fi 网络，该 Wi-Fi 的 AP 充当 AR，从而充当 FMIPv6 的 PAR 或 NAR，具体取决于其在所讨论移动中的位置。

MN 起初位于其归属网络中，假定与 CN 正处于 VoIP 通信中，会话由 SIP 控制。考虑以下四种移动类型（为了明晰，在图 5.20 中仅出现了三种）。

（1）移动 1。其中，MN 经由归属网络移动至访问网络 1，这种移动类型被视为全局移动（或宏观移动）。

（2）移动 2。其中，MN 从访问网络 1 移动至访问网络 2，这种移动类型被视为局部移动（或微移动）。

（3）移动 3。其中，MN 从访问网络 2 移动至对端网络，这种移动类型也被视为全局移动。

（4）移动 4。其中，MN 从对端网络移动至归属网络，这种移动类型也被视为全局移动。图 5.20 中没有出现该移动。

中断时间 T 等于 MN 在原网络中收到最后一个分组和在新网络中收到第一个分组之间的时间。为对此进行计算，使用了以下四个时间。

（1）T_2 表示新网络的绑定时间。该时间取决于所使用的技术，取平均值

$T_2 = 100$ ms(未在对照表5.1~5.5中给出)。

(2)T_3 表示获得新 IPv6 地址所需的时间,这是收到 RA 所花费的时间和 DAD 机制所需的时间。默认情况下,DAD 时间为 1 500 ms,但有一种被称为乐观 DAD 的版本,可以在程序结束前使用地址。该时间 $T_3 = 1 525$ ms,或者使用乐观 DAD(稍后执行 DAD)的 $T_3 = 25$ ms(对照表中默认 $T_3 = 1 525$ ms)。

(3)T_{m1} 表示(在目的网络中)发送第一个移动性协议报文和 MN 在新网络中收到第一个分组之间需要的时间。

(4)T_{m2} 表示(在目的网络中)发送第一个移动性协议报文和 MN 在新网络中以"优化路由"模式收到第一个分组之间需要的时间。

那么有 $T_{m2} = T_{m1} +$ "发送路由优化所需的第一个报文和 MN 以'优化路由'模式收到第一个分组之间需要的时间"。

此外,估算卫星网络的传输时间为 300 ms,而本地网络中的传输时间可忽略。这些估算是简化机制之间的比较所必需的。

最后,通过比较,将使用以下数值。

① T^* = MN 在原网络中收到最后一个分组和 MN 在新网络中以优化路由收到第一个分组之间需要的时间,从而得出 $T^* = T_2 + T_3 + T_{m2}$。

② T' = MN 在原网络中收到最后一个分组和 HA 与 MN 间的隧道(而非 PAR 与 NAR 间的 FMIPv6 隧道)收到第一个分组之间需要的时间,该符号专用于 FMIPv6。

③ D = MN 在 T 和 T^* 之间(或者对于 FMIPv6,当 T' 存在时,T 和 T' 之间)收到分组的传输延时。

④ D' = MN 在 T' 和 T^* 之间收到分组的传输延时。

⑤ D^* = MN 在 T^* 后收到分组的传输延时。

当延时或时间约等于 0 时,表示时间非常短,最多约若干毫秒。

下面将分别详细分析每个协议的结果。

1. 移动 IPv6

移动 IPv6 的结果分为三行(表5.1)。第一行表示的是未使用路由优化(Route Optimization,RO)或 RRT 的移动 IPv6。在这种情况中,当 MN 移动到归属网络之外时,必须接收 RA,然后进行 DAD,再与其 HA 交换 BU/BACK。因此,MN 的移动性对 CN 完全透明,CN 继续向 MN 的归属地址发送分组。这些分组从而被 HA 拦截,传输到 MN 的当前位置。但即使 MN 和 CN 处于同一 ST 之后(移动 3 之后),分组的传输延时仍为 600 ms,这显然不合适。这种延时不适合音视频业务,因此强烈建议在涉及卫星系统的移动情况中使用带 RO 的移动 IPv6。

表 5.1　移动 IPv6 的评估

移动类型	第一次移动		第二次移动		第三次移动		第四次移动	
	中断时间/ms	切换后延时/ms	中断时间/ms	切换后延时/ms	中断时间/ms	切换后延时/ms	中断时间/ms	切换后延时/ms
移动 IPv6 无 RO,有 DAD	$T_{m1}=600$ $T=2\,225$	$D=600$	$T_{m1}=600$ $T=2\,225$	$D=600$	$T_{m1}=600$ $T=2\,225$	$D=600$	$T_3=25$ $T_{m1}=0$ $T=125$	$D=300$
移动 IPv6 有 RO、RRT 和 DAD	$T_{m1}=600$ $T_{m2}=2\,400$ $T=2\,225$ $T^*=4\,025$	$D=600$ $D^*=300$	$T_{m1}=600$ $T_{m2}=2\,400$ $T=4\,025$ $T^*=4\,025$	$D=300$ $D^*=300$	$T_{m1}=600$ $T_{m2}=1\,800$ $T=3\,425$ $T^*=3\,425$	$D\approx0$ $D^*\approx0$	$T^3=25$ $T_{m1}=0$ $T_{m2}=1\,200$ $T=1\,325$ $T^*=1\,325$	$D=300$ $D^*=300$
移动 IPv6 有 RO 和 RRT,有乐观 DAD	$T_3=25$ $T_{m1}=600$ $T_{m2}=2\,400$ $T=725$ $T^*=2\,525$	$D=600$ $D^*=300$	$T_3=25$ $T_{m1}=600$ $T_{m2}=2\,400$ $T=2\,525$ $T^*=2\,525$	$D=300$ $D^*=300$	$T_3=25$ $T_{m1}=600$ $T_{m2}=1\,800$ $T=1\,925$ $T^*=1\,925$	$D\approx0$ $D^*\approx0$	$T_3=25$ $T_{m1}=0$ $T_{m2}=1\,200$ $T=1\,325$ $T^*=1\,325$	$D=300$ $D^*=300$

若使用了 RO(第二行),因为已经提及的安全原因,所以认为 RRT 过程是强制的,取决于移动类型,中断时间各不相同。

(1)移动 1 之后,MN 必须收到 RA(25 ms),进行 DAD(1 500 ms),与其 HA 交换初始 BU/BACK(600 ms),执行 RRT(归属测试(初始)(HoTi/HoT)和转交测试(初始)(CoTi/CoT)并行:1 200 ms),再与 CN 进行第二次 BU/BACK 交换(600 ms)。因此,这个程序非常耗时。然而,MN 在 HA 层面实现其关联后再次开始通过隧道接收数据,接收这些数据有 600 ms 的延时。

(2)移动 2 之后,MN 必须执行如前所述的过程,除在 MN 处于访问网络 1 中时外,CN 和 MN 直接通信。这意味着 HA 层面的 BU 无法实现隧道,因为 CN 继续向 MN 在访问网络中获得的 CoA 发送分组,并且在没有新的 BU/BACK 更新的情况下只接受 MN 发自该 CoA 的分组。因此,为重新开始通信,MN 必须执行 RRT 和 CN 层面的更新,但通信将以"优化路由"模式直接重新开始,这意味着 $T=T^*$。

(3)移动 3 之后,管理类似移动 2,除 MN 与 CN 处于同一网络外。因此,这两个实体之间的数据交换不需要卫星中继段,从而减少了中断时间。基于同样的原因,分组传输的延时很低(≈0)。

（4）对于移动4，无须执行 DAD 过程，因为 MN 使用其 HoA。对于 RRT 程序，这里只需要进行 HoTi/HoT 交换，因为 CoA 与 MN 的 HoA 一致。因此，中断时间在无 RO 移动 IPv6 的情况中长得多，因为在 MN 更新其在 CN 层面上的绑定（HoTi/Hot 随后 BU/BACK）之前无法重新开始通信。

2. HMIPv6

对于 HMIPv6，现在将重新探讨与移动 IPv6 相同的三种情况（表 5.2）。可以假定，当 MN 到达新网络时，获得 RCoA 和 LCoA 所需的时间与移动 IPv6 中获得 CoA 所需的时间相同（可以假定并行地执行这两个过程）。

表 5.2　HMIPv6 的评估

移动类型	第一次移动		第二次移动		第三次移动		第四次移动	
	中断时间/ms	切换后延时/ms	中断时间/ms	切换后延时/ms	中断时间/ms	切换后延时/ms	中断时间/ms	切换后延时/ms
HMIPv6 无RO，有DAD	$T_{m1}=600$ $T=2\,225$	$D=600$	$T_{m1}\approx0$ $T=1\,625$	$D=600$	$T_{m1}=600$ $T=2\,225$	$D=600$	$T_{m1}\approx0$ $T=1\,625$	$D=300$
HMIPv6 有RO、RRT 和DAD	$T_{m1}=600$ $T_{m2}=2\,400$ $T=2\,225$ $T^*=4\,025$	$D=600$ $D^*=300$	$T_{m1}\approx0$ $T_{m2}=0$ $T=1\,625$ $T^*=1\,625$	$D=300$ $D^*=300$	$T_{m1}=600$ $T_{m2}=1\,800$ $T=3\,425$ $T^*=3\,425$	$D\approx0$ $D^*\approx0$	$T_{m1}\approx0$ $T_{m2}=1\,200$ $T=2\,825$ $T^*=2\,825$	$D=300$ $D^*=300$
HMIPv6 有RO和RRT，有乐观DAD	$T_3=25$ $T_{m1}=600$ $T_{m2}=2\,400$ $T=725$ $T^*=2\,525$	$D=600$ $D^*=300$	$T_3=25$ $T_{m1}\approx0$ $T_{m2}=0$ $T=125$ $T^*=125$	$D=300$ $D^*=300$	$T_3=25$ $T_{m1}=600$ $T_{m2}=1\,800$ $T=1\,925$ $T^*=1\,925$	$D\approx0$ $D^*\approx0$	$T_3=25$ $T_{m1}\approx0$ $T_{m2}=1\,200$ $T=1\,325$ $T^*=1\,325$	$D=300$ $D^*=300$

当不使用 RO 时，出现了与移动 IPv6 相同的问题，意味着 MN 一离开归属网络，CN 和 MN 之间的分组传输延时就约为 600 ms。但可以注意到，对于移动 2，时间 T 有显著减少，因为 MN 仅需要对其 MAP 进行本地通告（T_{m1} 从而非常小）。相反，在返回归属网络（移动 4）的情况中，与使用移动 IPv6 不同，MN 必须获得 RCoA 和 LCoA，中断时间从而延长了 1 500 ms（DAD 过程）。注意有一点同样重要，即在 HMIPv6 的情况中进行通信利用了多重封装，因为从 CN 发送至 MN 的 HoA 的分组首先由 HA 封装再去往 MAP，随着分组去往 MN 的 LCoA，MAP 对这些分组在此进行了封装。因此，这产生了大量开销，造成了对卫星和 Wi-Fi 链路的低效利用。

当启用 RO（从而启用了 RRT）时，可以注意到在移动 1 和移动 3 中得出的结果类似于通过移动 IPv6 得出的结果。然而,移动 2 的情况属于微移动,表明了 HMIPv6 协议的真正优势:报文无须经过卫星,因此中断时间减少至 T_2+T_3,分组传输延时仍低于为 VoIP 或视频会议应用提出的建议(<400 ms)。对于移动 4,也必须执行 DAD 过程,这与移动 IPv6 不同。

如果使用了乐观的 DAD 方法,那么可以再次看到节约了可观的时间,特别是在移动 2 的情况中,中断时间仅 125 ms。

3. 预测模式中的 FMIPv6

在预测模式中,假定 MN 的移动足够慢,使其有足够长的时间处于离开网络和到达网络之间的公共区域,以便能够在完成网络变更之前执行所需的过程。因此,在使用了 DAD 过程的情况中,这个过渡时间至少应大于交换 RtSolPr/PrRtAdv、FBU、HI/HACK 和 FBACK 报文所需的时间,以及 DAD 机制运行所需的时间。这个时间大于卫星两跳(HI 和 HACK 报文跨越了卫星)+1 500 ms,因此总时间大于 2 100 ms。如果未执行 DAD 过程,那么这个时间减少至 600 ms。以上这些假设是基于 FMIPv6 的最佳情况(表5.3)。

与先前的协议一样,从无 RO,有 DAD 过程的 FMIPv6 开始。在这个例子中,如果结合了先前的条件,那么中断时间仍可减少至 $T_2+T_3=125$ ms(实际上假定,若已经知道 MN 到达新网络,则必须接收 RA,因此 $T_3=25$ ms)。对于前三个移动,PAR 和 NAR 之间的隧道必须维持至少 $T'-T(=600$ ms),这是 MN 将新地址告知其 HA 的时间。然而,在这三个移动中的每个移动之后,CN 继续向 MN 的 HoA 发送,MN 和 CN 之间的分组传输延时约为 600 ms,这符合 VoIP 和视频会议的建议延时。在移动 4 的情况中,PAR—NAR 隧道仅需在 MN 与其 HA 进行 BU/BACK 报文的本地交换时维持,延时 D 下降至 300 ms。T_{ml} 较短(≈ 0 ms),因为这是发送 UNA 和 PAR—NAR 隧道收到第一个分组之间的时间,这些报文和分组都在本地交换。

表 5.3　预测模式 FMIPv6 的评估

移动类型	第一次移动 切换后延时/ms	第一次移动 中断时间/ms	第二次移动 切换后延时/ms	第二次移动 中断时间/ms	第三次移动 切换后延时/ms	第三次移动 中断时间/ms	第四次移动 切换后延时/ms	第四次移动 中断时间/ms
FMIPv6 无 RO,有 DAD	$T_3=25$ $T_{\text{ml}}\approx 0$ $T=125$ $T'=725$	$D=600$ $D'=600$	$T_3=25$ $T_{\text{ml}}\approx 0$ $T=125$ $T'=725$	$D=600$ $D'=600$	$T_3=25$ $T_{\text{ml}}\approx 0$ $T=125$ $T'=725$	$D=600$ $D'=600$	$T_3=25$ $T_{\text{ml}}\approx 0$ $T=125$ $T'=125$	$D=300$ $D'=300$

续表5.3

移动类型	第一次移动		第二次移动		第三次移动		第四次移动	
	切换后延时/ms	中断时间/ms	切换后延时/ms	中断时间/ms	切换后延时/ms	中断时间/ms	切换后延时/ms	中断时间/ms
FMIPv6 有RO、RRT和DAD	$T_3=25$ $T_{m1}\approx0$ $T_{m2}=2\,400$ $T=125$ $T'=725$ $T^*=2\,525$	$D=600$ $D'=600$ $D^*=300$	$T_3=25$ $T_{m1}\approx0$ $T_{m2}=2\,400$ $T=125$ $T^*=2\,525$	$D=300$ $D^*=300$	$T_3=25$ $T_{m1}\approx0$ $T_{m2}=1\,800$ $T=125$ $T^*=1\,925$	$D=600$ $D^*\approx0$	$T_3=25$ $T_{m1}\approx0$ $T_{m2}=1\,200$ $T=125$ $T^*=1\,325$	$D=300$ $D^*=300$

对于移动 1~3,当执行了 RO 和 RRT 过程时,延时降低至 $D^*=300$ ms。但最令人关注的是移动 2,其中断时间仅为 125 ms,延时 D 为 300 ms。移动 4 的情况也表现出了较高的性能。对于最后三个移动,没有产生 T' 和 D' 是因为 MN 移动后,CN 继续向 MN 的原 CoA 发送分组,这些分组被 PAR 拦截并转发至 NAR,与 HA 交换的 BU/BACK 报文不产生任何影响,因此 PAR–NAR 隧道必须维持至少 T^*-T。

4. 反应模式的 FMIPv6

在此,探讨 FMIPv6 的最差情况,此时 MN 没有时间向其 PAR 发送 FBU。因此,在收到 HI 时执行 DAD 过程。此外,仅能在 FBU/HI/HACK/FBACK 报文交换后实现 PAR–NAR 隧道,除移动 2 的情况外,所有这些报文都必须经由卫星(表 5.4)。

移动 1 的情况无 RO,有 DAD,首先突出了反应模式(2 845 ms)和预测模式(125 ms)之间 FMIPv6 中断时间的巨大差异。与预测模式不同,在反应模式中,PAR–NAR 隧道必须在通信中断时实现。此外,对于移动 1、2 和 3,发现了与先前无 RO 情况相同的问题,即延时为 600 ms,因为 CN 继续向 MN 的 HoA 发送。对于这些移动,PAR–NAR 隧道也必须维持 MN 告知其 HA 所需要的时间,这个时间从 T 开始至少为 600 ms。

启用 RO 和 RRT 过程时,CN 和 MN 之间从 T^* 开始传输分组的延时减少至 300 ms,但分组经由优化路由到达所需的时间非常长(对于移动 1,长达 5.225 s)。实际上这也表明,尽管当使用预测模式时,FMIPv6 可能是最高效的解决方案,但当不使用预测模式时,该协议会成为最坏选择。

表 5.4　反应模式 FMIPv6 的评估

移动类型	第一次移动		第二次移动		第三次移动		第四次移动	
	切换后延时/ms	中断时间/ms	切换后延时/ms	中断时间/ms	切换后延时/ms	中断时间/ms	切换后延时/ms	中断时间/ms
反应式 FMIPv6 无 RO, 有 DAD	$T_{m1}=1\,800$ $T=2\,825$ $T'=3\,425$	$D=600$ $D'=600$	$T_{m1}=600$ $T=1\,625$ $T''=2\,225$	$D=600$ $D'=600$	$T_{m1}=1\,800$ $T=2\,825$ $T''=3\,425$	$D=600$ $D'=600$	$T_3=25$ $T_{m1}=1\,200$ $T=1\,325$ $T''=1\,325$	$D=300$ $D'=300$
反应式 FMIPv6 有 RO、RRT 和 DAD	$T_{m1}=1\,800$ $T_{m2}=3\,600$ $T=2\,825$ $T'=3\,425$ $T^*=5\,225$	$D=600$ $D'=600$ $D^*=300$	$T_{m1}=600$ $T_{m2}=2\,400$ $T=1\,625$ $T^*=4\,025$	$D=600$ $D^*=300$	$T_{m1}=1\,800$ $T_{m2}=3\,000$ $T=2\,825$ $T^*=4\,625$	$D=600$ $D^*\approx0$	$T_3=25$ $T_{m1}=1\,200$ $T_{m2}=2\,400$ $T=1\,325$ $T^*=2\,525$	$D=300$ $D^*=300$
反应式 FMIPv6 有 RO 和 RRT, 有乐观 DAD	$T_3=25$ $T_{m1}=1\,800$ $T_{m2}=3\,600$ $T=1\,325$ $T'=1\,925$ $T^*=3\,725$	$D=600$ $D'=600$ $D^*=300$	$T_3=25$ $T_{m1}=600$ $T_{m2}=2\,400$ $T=125$ $T^*=2\,525$	$D=600$ $D^*=300$	$T_3=25$ $T_{m1}=1\,800$ $T_{m2}=3\,000$ $T=1\,325$ $T^*=3\,125$	$D=600$ $D^*\approx0$	$T_3=25$ $T_{m1}=1\,200$ $T_{m2}=2\,400$ $T=1\,325$ $T^*=2\,525$	$D=300$ $D^*=300$

当使用乐观 DAD 过程时,对于前三个移动,延时增加了 1.5 s,与先前的协议一样。

5. SIP 移动性

本节探讨的是 SIP 移动性的情况,假定发送 ACK 前(发送 OK 后)或后都可以重新发起通信,对于每种情况都可以使用 DAD 过程或乐观 DAD 过程(表 5.5)。

SIP 移动性主要突出的特征是,对于非优化阶段,不存在路径,其延时为 600 ms,这意味着对于考虑的所有情况,$T=T^*$,$D=D^*$。同样可以看出,使用乐观 DAD 过程显著地节约了时间,有助于极大地减少中断时间(在移动 3 的情况中,中断时间甚至减少至约 $T_2+T_3=125$ ms)。

除移动 3 外,同样可以看到,如果将有 ACK 的 SIP 移动性与无 ACK 的 SIP 移动性进行比较,中断时间 T(或 T^*)减少了 600 ms。

表 5.5　SIP 移动性的评估

移动类型	第一次移动		第二次移动		第三次移动		第四次移动	
	切换后延时/ms	中断时间/ms	切换后延时/ms	中断时间/ms	切换后延时/ms	中断时间/ms	切换后延时/ms	中断时间/ms
ACK 后的 SIP 移动性,有 DAD	$T_{m2}=1200$ $T=2825$ $T'=2825$	$D=300$ $D^*=300$	$T_{m2}=1200$ $T=2825$ $T'=2825$	$D=300$ $D^*=300$	$T_{m2}\approx0$ $T=1625$ $T'=1625$	$D\approx0$ $D^*\approx0$	$T_{m2}=1200$ $T=2825$ $T'=2825$	$D=300$ $D^*=300$
ACK 后的 SIP 移动性,有乐观 DAD	$T_3=25$ $T_{m2}=1200$ $T=1325$ $T^*=1325$	$D=300$ $D^*=300$	$T_3=25$ $T_{m2}=1200$ $T=1325$ $T^*=1325$	$D=300$ $D^*=300$	$T_3=25$ $T_{m2}\approx0$ $T=125$ $T^*=125$	$D\approx0$ $D^*\approx0$	$T_3=25$ $T_{m2}=1200$ $T=1325$ $T^*=1325$	$D=300$ $D^*=300$
ACK 前的 SIP 移动性,有 DAD	$T_{m2}=600$ $T=2225$ $T^*=2225$	$D=300$ $D^*=300$	$T_{m2}=600$ $T=2225$ $T^*=2225$	$D=300$ $D^*=300$	$T_{m2}\approx0$ $T=1625$ $T^*=1625$	$D\approx0$ $D^*\approx0$	$T_{m2}=600$ $T=2225$ $T^*=2225$	$D=300$ $D^*=300$
ACK 前的 SIP 移动性,有乐观 DAD	$T_3=25$ $T_{m2}=600$ $T=725$ $T^*=725$	$D=300$ $D^*=300$	$T_3=25$ $T_{m2}=600$ $T=725$ $T^*=725$	$D=300$ $D^*=300$	$T_3=25$ $T_{m2}\approx0$ $T=125$ $T^*=125$	$D\approx0$ $D^*\approx0$	$T_3=25$ $T_{m2}=600$ $T=725$ $T^*=725$	$D=300$ $D^*=300$

6. 解决方案的对比

本节将比较前面针对每种移动提出的各种解决方案。因此,需要进行两种比较:一种是单独探讨中断时间 T,即使第一批分组的到达延时为 600 ms;另一种是仅考虑从延时为 300 ms 起的时间,从而保持符合 ITU 电信标准化组织(ITU-T)关于 VoIP 应用或视频会议的建议。

对于第一种比较,总体性能最高的是预测模式的 FMIPv6,因为其缩短时间 $T=125$ ms。该解决方案的另一个优势在于,即使使用了 DAD 过程,其仍非常有效,因为 DAD 过程在新网络中执行,而通信仍发生在原网络中。但总是需要在 PAR 和 NAR 之间实现临时隧道,这对移动 1 和 3 而言带来的卫星中继段加倍。至于移动 2,带 RO、RT 和乐观 DAD 的 HMIPv6 是最佳解决方案,因为这同样可得出 $T=125$ ms,延时 $D=300$ ms(如同预测模式的 FMIPv6)。此外,其仅需要与 MAP 交换的 LBU/BACK 报文,而不像实现 FMIPv6 隧道需要许多报文。无 RO 的移动 IPv6 解决方案同样实现了移动 4 的高效管理,使

$T = 125$ ms,$D = 300$ ms,除与 HA 交换绑定更新/绑定应答(BU/BA)外无须任何其他报文。然而,最后两种解决方案仅在很精确移动的情况中效率较高,而对其他移动类型效率则会降低。

对于第二种比较,将按顺序比较每种移动,仅考虑有 RO 和 RRT 的解决方案。

(1)对于移动 1,比较使用了乐观 DAD 过程的解决方案,可以观察到基于 SIP 移动性的解决方案实现的性能最高,相比基于移动 IPv6 的解决方案,可将中断时间减少 1 s。

(2)对于移动 2,HMIPv6 解决方案(有乐观 DAD)和预测模式 FMIPv6 仍是最高效的,原因与第一种比较相同。

(3)对于移动 3,无论是否使用了 DAD 或乐观 DAD 机制,SIP 移动性解决方案同样都是最佳选择。实际上使用乐观 DAD 过程时,SIP 移动性解决方案有助于在 125 ms 内重新建立 MN 和 CN 之间的直接通信。

(4)对于移动 4,预测模式 FMIPv6 是最高效的解决方案。

7. 有关卫星系统中移动性的建议

有关移动 IPv6 及其扩展的第一个要点是,作为卫星系统,为符合ITU-T针对多媒体应用的建议,必须能够执行 RO 和 RRT 过程。双向隧道阶段涉及了 IPv6/IPv6 封装,向系统增加了大量开销。此外,需要通过卫星系统两次导致使用系统总体资源更多,因此 RO 和 RRT 过程是必不可少的。

有关移动 IPv6 和有 RO、RRT 的 HMIPv6 的第二要点是:当 MN 离开归属网络时,双向隧道阶段只能用于一种移动。这意味着对于其他种类的移动,任何应用(包括对延时无约束的应用)都无法利用双向隧道阶段,对于在不同访问网络之间移动的用户而言,这显著降低了这种解决方案的价值。

同样可以注意到的是,执行 DAD 机制所需的时间太长,因此必须实现类似于乐观 DAD 的机制。对于移动 1 和 3 而言,移动 IPv6(有乐观 DAD)与其扩展一样高效。

对于 ST 不变的移动(第 2 种移动)和 ST 变化、从 CN 网络至其他网络的移动(第 4 种移动),只要可以使用预测模式,FMIPv6 就非常高效。但对于其他的移动类型,这种解决方案低效得多,主要是因为将延时减少至一个卫星中继段所需的 RO 和 RRT 过程需要很长时间来执行。此外,如果无法使用预测模式,那么中断时间将变得过高,甚至高于使用移动 IPv6 时的中断时间。因此,必须在确保能够满足应用预测模式的条件时才使用 FMIPv6。

HMIPv6 对微移动性(第 2 种移动)的情况较为高效,毕竟这是其设计的目的。但考虑到其他移动类型的结果,与其他一种或多种移动性协议相结合对于 HMIPv6 而言是必需的。

最后,就基于 DVB–S2/RCS 卫星系统中的 SIP 对多媒体应用进行移动性管理而言,SIP 移动性是一种特别高效的解决方案。实际上,与前面的解决方案不同,这种解决方案的巨大优势是能够在上述两个实体之间直接重新发起通信,因此其能够有效地管理所有移动类型,而与拓扑无关,对于移动 1 和 3 而言甚至是最高效的解决方案。此外,不使用 ACK(或者至少在 OK 后就重新发起通信)有助于进一步提升其性能。最后,当 MN 处于访问网络中时,这种解决方案没有增加开销。

因此,当卫星系统中的移动性管理具有严格的时间约束时,SIP 以其较好的与移动性有关的性能,以及带 QoS 配置的直接连接,成为移动 IPv6 或其扩展的良好备选方案。不过,移动 IPv6(及其扩展)仍是对约束较少(尤其是传输延时方面的约束)的应用进行移动性管理的一种有效解决方案。

5.5　SIP 用于交互式应用的移动性管理和 QoS

本节独立于任何其他移动性协议定义了一种解决方案,在 DVB–S2/RCS 系统中实现了单独利用 SIP 进行移动性和 QoS 管理。这种解决方案允许 SIP 应用实现 QoS 并在卫星系统中以完全自动的方式管理网络变化,从而特别适用于约束较高的多媒体应用。由于与第 4 章中讨论的 IMS 体系兼容,因此这种解决方案更加令人关注。

SIP 代理负责资源预留(见第 4 章),发挥 CSCF(P–CSCF)的作用,必须位于每个 ST 之后,以便能够拦截 SIP 报文并向所需的组件发送 QoS 信息(ST、策略决策功能(PDF)、NCC 等)。

当会话发起时,遵循第 4 章中介绍的过程进行 QoS 预留,依据卫星系统的配置(透明和网状)各有不同。网络变化后重新发起会话和预留资源,如图 5.19(Re–INVITE)所示。对于传统的会话结束(报文 BYE/OK),资源释放在收到 BYE 报文时触发;但对于网络变化,不与原 SIP 代理进行 BYE 报文交换。向 SIP 代理发送的唯一报文是 REGISTER 报文(如果原 SIP 代理也是归属代理)或者 DEREGISTER 报文(对于其他情况)。因此,必须在收到该报文时发起资源释放,该报文在任何情况下都表明 MN 现在处于另一个网络中,这项新功能必须加入 SIP 代理中。此外,在各 SIP 代理之间交换 REGISTER/DEREGISTER 报文的功能没有在 RFC 中说明,因此必须增加该功能。

最后,尽管交换 REGISTER/DEREGISTER 报文在负责 MN 的 ST 层面上实现了资源释放,但对于负责 CN 的 ST 而言并非如此。因此,必须在重新发起会话的层面执行资源释放。当负责 CN 的 SIP 代理收到 Call-Id 与当前会话相同的 Re-INVITE 报文时,该 SIP 代理获悉这相当于会话改变,并分析发送该报文的 SIP 客户端地址。

如果地址与参与会话的两个 SIP 客户端的地址都不同,那么 SIP 代理获悉这相当于网络有变化的会话改变,从而释放相关联的资源。

如果地址对应于参与会话的两个 SIP 客户端的地址之一,那么这相当于网络无变化的会话改变。因此,SIP 代理不释放资源并等待接收 OK 报文(或会话进展)以改变预留。实际上在这种情况中,会话没有中断,释放资源会损害通信质量,直至重新预留。

随后,CN 侧的 SIP 代理检测到将发生网络有变化的会话改变,当其收到 OK 报文时有以下两种可能。

(1)MN 已经移动到与 CN 不同的 ST 之后。在这种情况中,CN 侧的 SIP 代理执行资源重新预留,规定新的地址和可能的新会话参数。

(2)MN 已经移动到与 CN 相同的 ST 之后。在这种情况中,SIP 代理检测到会话将不再经过系统。

因此,必须在 SIP 代理的层面实现所有这些功能。

从用户方面考虑移动性,必须实现增强的 SIP 客户端。因此,必须增加下述功能。

(1)与 SIP 客户端结合的网络变化检测模块(和本地 SIP 代理的动态发现),以告知 SIP 客户端必须发起重新注册和重新发起会话的过程。

(2)发送特定的 REGISTER 报文,以指明需要告知其他 SIP 代理。

(3)更新会话参数,以发送包含新 MN 地址和可能的新会话描述协议参数的 Re-INVITE 报文。

应注意到的是,与移动 IPv6 不同,在这种情况中,不需要 CN 层面上的重大改变。CN 实际上将 Re-INVITE 报文视为对当前会话进行传统改变,因此仅需要更新会话参数。该体系所需的唯一变化是,在 Re-INVITE 报文的情况中,必须通过发送 OK(INVITE)报文直接应答,而不使用诸如 183 会话进展等报文。

5.6　DVB-S2/RCS 体系仿真中移动性解决方案评估

为比较各种协议在卫星/地面混合网络环境中的性能,部署了移动 IPv6、FMIPv6(在有关的情况下)和 SIP 移动性,并通过卫星网络模拟器(OpenSand)进行了测试。该比较主要考虑对于在有一个用户的 DVB-S2/RCS 卫星系统框架中涉及的各种移动性情况,在一个多媒体会话(VoIP 或视频会议)期间所得出的中断时间。本节还将探讨各种解决方案的开销问题。

5.6.1　中断时间的比较

将图 5.20 所示的拓扑和移动类型应用于测试平台,以便比较各个中断时间,除移动 2 外,因为本框架中没有评估 HMIPv6。对于地面网络,选择 Wi-Fi 作为第 2 层技术。为尽可能减少与新 AP 的重新绑定时间,对 Wi-Fi 网卡进行配置以使其工作在每个 AP 的预定义信道上,这将产生约 0.1 ~ 1.2 s 的第 2 层中断时间。为能够以尽可能公平的方式比较各种解决方案,仅考虑当第 2 层时间处于该窗口内的中断时间。类似地,为计算对于每种解决方案和每个移动所得出的平均中断时间,首先将仅考虑最常见的情况,按第 5.4.2 节中的定义交换移动性报文,随后将探讨常见情况中中断时间为最长或最短的个别情况,并尝试解释产生这些结果的原因。

5.6.2　常见情况

理论评估主要考虑 MN 作为接收者的情况,这种评估探讨的是双向多媒体通信的情况。这里也考虑 MN 作为发送者时的中断时间,这是从原网络发送的最后一个分组(由对端接收)和从新网络发送的第一个分组(由对端接收)之间的时间。实际上,这两个时间会有所不同,具体取决于移动类型和所使用的解决方案类型。此外,关于移动 IPv6 的 RO 阶段,也将增加 MN 和 CN 之间不需要 BACK 报文的情况,因为在 MIPL 2.0.2 协议栈中实现了该选项。当 MN 和 CN 位于不同的 ST 之后时,允许 MN 以最多提前 600 ms 的时间再次开始直接向 CN 发送分组。

对于与 FMIPv6 对应的中断时间,(PAR-NAR 隧道)无法观察到经由该隧道接收和发送报文,但能够观察到所有其他 FMIPv6 报文。考虑到在移动 IPv6 上实施的观察,可以认为在发送 UNA 报文之后(+0.05 s 后)就传输了从新网络发送的第一个报文,在发送 UNA 之后 0.1 s 就发送所收到的第一个报文(使用了与先前类似的试验来确定这些时间)。

图 5.21 和 5.22 所示分别为 MN 作为接收者和发送者注册的中断时间,对应于给出的各种解决方案的平均中断时间(每次移动和每种解决方案各测量 20 次),分析了使用 DAD 或乐观 DAD(启用了选项 CONFIG_IPV6_OPTIMISTIC_DAD)的情况,且仅考虑了 CN 和 MN 之间传输分组的延时低于 400 ms 的时间。

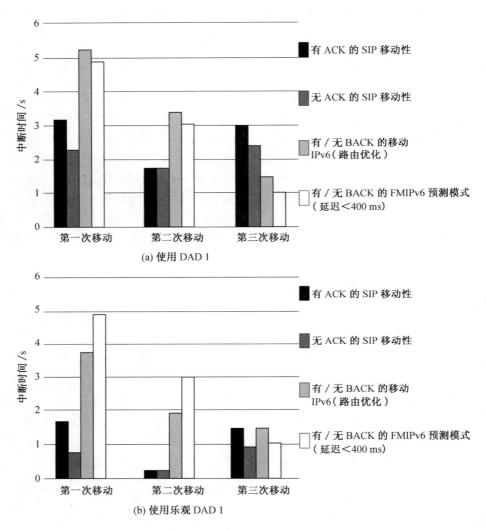

(a) 使用 DAD 1

(b) 使用乐观 DAD 1

图 5.21　MN 作为接收者注册的中断时间

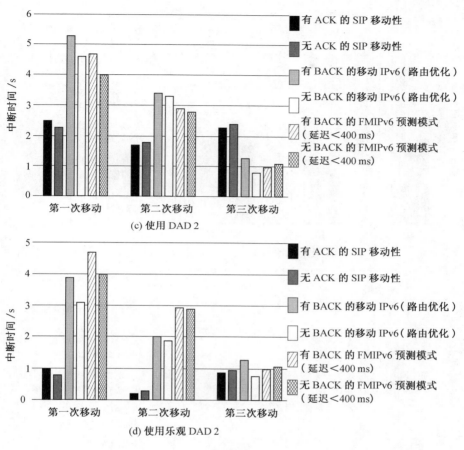

续图 5.21

（1）有 ACK 的 SIP 移动性（CN 收到 ACK 后就发送数据）。

（2）无 ACK 的 SIP 移动性（CN 在发送 OK（INVITE）后就发送数据）。

（3）有 BACK 的移动 IPv6（MN 在收到 CN 发送的 BACK 后就直接向 CN 发送数据）。

（4）无 BACK 的移动 IPv6（MN 在向 CN 发送 BU 后就直接向其发送数据）。

（5）预测模式的 FMIPv6，与移动 IPv6 相同，与 CN 交换或不交换 BACK 报文。

在移动 IPv6 和 FMIPv6 的情况中，MN 作为接收者进行实验得出的中断时间相同，无论是否发送了 BACK 报文，因为当 CN 收到 MN 发送的 BU 时，无论什么情况都开始发送分组。

与理论计算的时间相比，可以注意到如下显著差异。

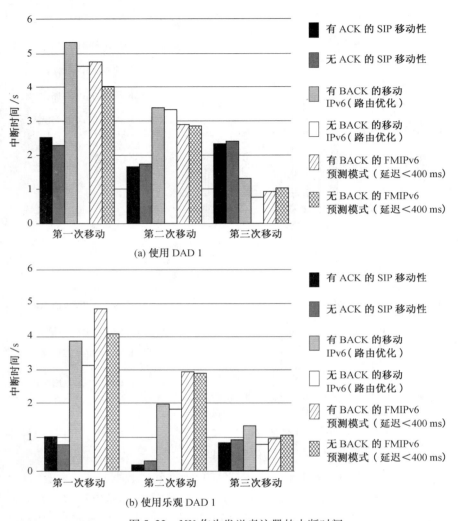

图 5.22　MN 作为发送者注册的中断时间

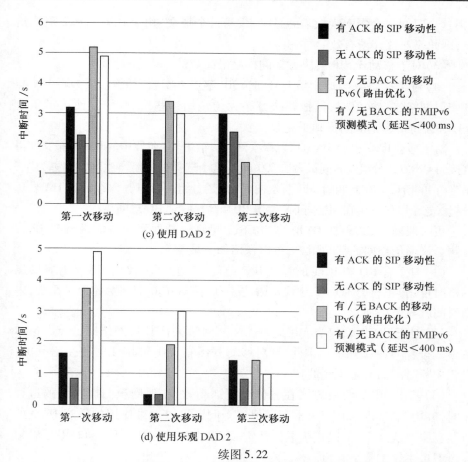

续图 5.22

（1）在移动 1 中，对于移动 IPv6 和 FMIPv6 而言，MN 和 HA 之间交换 BU/BACK 报文花费的时间比预测长 1 s，这是由于 MIPL 2.0.2 协议栈中的缺陷；

（2）在 FMIPv6 的情况中，发送 UNA 报文平均花费了 1.2 s，但在 0.26 s 和 2.47 s 之间变化，这大幅地延长了中断时间，特别是使得该时间非常易变。随后在使用了乐观 DAD 机制的情况中，对于移动 1 和 2 而言，FMIPv6 成为了中断时间最长的解决方案。

现在，对于每个移动，比较 SIP 解决方案。

（1）对于移动 1，即使考虑前述缺陷，基于 SIP 的解决方案在接收和发送方面通常也是更高效的，尤其是使用了乐观 DAD 机制时。可以看到，在 FMIPv6 的情况中，对于针对该移动所实施的测量，平均在 $t = 1.35$ s 时发送 UNA 报文；而对于有 DAD 的移动 IPv6 解决方案，双向隧道平均在 $t = 3.36$ s 时

（但这个时间也会受实现缺陷的影响）发送首个报文（由于在第 5.4.2 节中给出，因此仅对该移动有效）。

（3）对于移动 3，SIP 解决方案同样是最高效的。

（4）对于移动 4，当启用了 DAD 时，SIP 解决方案较为低效，因为当 MN 与其归属网络建立通信时，其他解决方案无须使用这些机制；但当使用了乐观 DAD 机制时，这个缺陷得到了克服。

对于移动 IPv6 和 FMIPv6，可以观察到选择禁用 RO 阶段中的 BACK 报文使得直接向 CN 发送分组的时间最多快 600 ms。这个选择也可能产生通常被称为"三角路由"的阶段。在此期间，MN 直接向 CN 发送分组，同时 CN 继续通过 HA 发送分组。这个阶段发生在 MN 向 CN 发送 BU 和 CN 收到 BU 之间。

更一般而言，如果在 DVB-S2/RCS 卫星系统的框架内考虑进行 VoIP 或视频会议通信期间的移动用户，可以得出如下推断。

（1）对于有 RO 和 RRT 的移动 IPv6，双向隧道阶段（仅当 MN 离开其归属网络时可用）不符合 ITU-T 建议。因此，一旦移动 IPv6 需要穿越卫星系统，中断时间就显著增加。

（2）对于 FMIPv6，仅当 MN 离开 CN 的网络去往其他网络时，PAR-NAR 隧道才符合 ITU-T 建议。因此，针对移动 IPv6 的 RO 和 RRT 过程是必须的，且就中断时间而言是不利的。

（3）基于 SIP 的解决方案在总体上更加高效，在返回至归属网络的过程中时，启用 DAD 机制时较为不利。但这个问题可以通过使用如乐观 DAD 的机制克服。实际上，可以直接重新开始 CN 和 MN 之间的通信，同时限制必须通过卫星系统的报文数量。

5.6.3　特定情况

在实验期间，能够在某些情况下观察到独特的特性，特别是在与移动 IPv6 关连的 RRT 过程的层面上。在移动 3 的情况中，仅与 CN 交换了 CoTi/CoT 报文（从而将中断时间减少了 1.2 s）。类似地，对于移动 4，其中仅需要交换 HoTi/HoT，RRT 过程中没有交换报文（从而将中断时间减少了 0.6 s）。

Johnson 等在文献[JOH 04]中解释了这种独特的特性，指出在 MN 于不同网络之间快速正常移动的情况中，有时可以重复使用仍有效的密钥生成器。这对于移动 3 而言特别有效，因为在 RRT 过程中没有报文经由卫星系统交换。

然而，不能将这些特别情况视为改进的原因，因为这在总体上会破坏 RRT 机制。

5.6.4 与开销有关的问题

SIP 移动性的另一个优势是当 MN 处于访问网络时,不向 MN 和 CN 之间交换的分组增加任何开销,这与基于移动 IPv6 的解决方案不同。实际上,当 MN 从主机网络中与 CN 直接通信时,移动 IPv6 向每个 IPv6 分组的报头中加入了额外的24字节字段,以便指明 MN 的 HoA(从 MN 发往 CN 的字段"目的选项报头"和从 CN 发往 MN 的字段"路由报头"),从而使 MN 的移动具有透明性。

因此,IPv6 报头从 40 B 增加至 64 B,这对于通常使用小型具有 UDP 分组的 VoIP 通信而言特别不利。举一个 GSM 编解码器的例子,其每 20 ms 发送一个载荷为 33 B 的分组(给定有效流量 13.2 kbit/s),那么 IPv6 层面的流量(考虑了实时协议(RTP)、UDP 和 IPv6 报头)从 37.2 kbit/s 增加至 46.8 kbit/s,相当于增加了约 26%(使用移动 IPv6 报头的三个音频流相当于不使用移动 IPv6 报头的四个音频流)。

该报头在双向隧道阶段会进一步增加,因为涉及了 IPv6/IPv6 封装。仍举 GSM 编解码器的例子,IP 流量增加至 53.2 kbit/s,对于所有实现了隧道的协议而言,如 FMIPv6、PMIPv6 和 HMIPv6,得出的结果相同(对于后者,如果 MAP 域发生变化,那么其至存在一个 IPv6/IPv6/IPv6 双重封装的阶段)。因此,这意味着资源消耗更大,是不利的,尤其对于 Wi-Fi 和卫星连接而言。

这种开销问题证实了一个事实,即在资源有限的卫星系统中,无论对于分组传输延时还是带宽消耗而言,RO 都是必不可少的。但无论什么情况,对于有用数据数量相同的情况而言,基于 SIP 的解决方案在使用资源方面成本都较低,因为其不增加任何额外开销。

5.7 本章小结

上述不同比较表明,对于多媒体应用的移动性管理而言,尽管基于移动 IPv6 的解决方案以其对移动性透明的管理方式具有毋庸置疑的优势,但与基于 SIP 的解决方案相比,通常效率较低。因此,在卫星模拟平台上进行的实验与 5.4.2 节中做出的理论评估、总结和建议一致。

实际上,对于移动性的特定情况而言,基于移动 IPv6 的解决方案在中断时间方面效率较低(主要是实验中没有研究的返回归属网络和微移动性),而 SIP 移动性在对不同的移动类型进行总体管理方面更加一致。对于资源有限的网络而言更是如此,正如卫星系统,因为基于移动 IPv6 的解决方案增加了开销,一旦 MN 不再处于归属网络中,这种开销就会变得显著。

第6章 混合网络中的传输层技术

6.1 概 述

如前面章节所讨论的,卫星网络完全具备促使其成为未来混合或集成网络架构中的接入技术的技术特征,它支持多种服务(3G+ 和 4G),具备满足新业务所需要的任何条件:随时随地移动、通用、透明接入服务("无处不在")。

凭借广泛的覆盖能力(用户接入)和广播效率(点到多点),卫星有望成为地面蜂窝网解决方案的一个极具吸引力的补充。然而,卫星网络自身也有诸多局限,这使得它们只能围绕 IP 技术核心,使用一些特别构建且缺乏透明度的下一代网络架构。

对于用户终端"高层"协议,无论是个人用户、智能手机还是移动平板电脑,情况尤其如此。实际上,通过服务提供商部署的特别架构,可以适配网络中的通信协议,而在勉强满足适合于"通用"网络的标准配置的用户终端上,情况要困难得多。

开放系统互联(Open System Interconnection,OSI)模型中第一个面临这个问题的层是传输层,它是第一个面向"端到端"的层,因为需要用以管理该层的软件只部署在末端实体,即客户端和服务器中。在互联网传输协议系列中,有两个主要协议:主要负责通信可靠性的传输控制协议(Transmission Control Protocol,TCP)和负责通信可靠性外其他性能指标的用户数据报协议(User Datagram Protocol,UDP)。TCP 是现在使用最广泛的传输协议,一项2009 年启动的研究[LEE 09]表明,在过去十年中,TCP 在互联网中的使用持续且相对稳定地增长。互联网传输的字节中,超过 90% 使用了 TCP。但数据流的情况有所差别,有约 30% 的互联网数据流使用了 UDP。TCP 主要用于传输大容量数据,UDP 主要负责小型连接。

自从互联网出现以来,TCP/IP 模型已成为特定广域网(Wide Area Network,WAN),尤其是卫星网络等受限环境中就协议性能而言的一个次优模型。因此,为实现卫星网络中 TCP 的正确操作,已开发出许多解决方案。1997 年,互联网工程任务组组建了一个被称为"星上 TCP"的工作小组,该工作小组在 1999 年发布了两个文件,总结了优化卫星网络中 TCP 使用的标准解决方案[ALL 99],并指明了未来改进的可能性[ALL 00]。同样地,空间数据系统咨询委员会(Consultative Committee on Space Data System,CCSDS)认为其有必要参与通信协议的标准化工作,以使通信协议涵盖执行太空任务期间传输数据的特定需求,其出版的第一版协议栈命名为空间通信协议规范[SCP 06]于 1999 年首次发布,于 2006 年又进行了修订。

至此,专用于卫星网络的 TCP 协议开始出现,它最大化了 TCP 在卫星网络环境中的性能,但却在用户终端的部署上遇到了难题。现在仍在使用的一个确定的解决方案是在卫星网络和终端间适配一定的设备,从而将对所使用的 TCP 协议的操作转移到兼容卫星的版本中。这个设备称为性能增强代理(Performance Enhancing Proxy,PEP),IETF[BOR 01]在 2001 年标准化了其准则,将其分布在整个卫星网络中,提供高级服务和网络高速缓存。

目前使用的传输层解决方案,无论是起源于 TCP、UDP 还是基于性能增强代理的使用,越来越具有局限性,无法在卫星系统中使用,或是对于卫星网络而言太过激进。最重要的一点是,目前性能增强代理提供的性能改善不易兼容诸多部署场景,尤其是在军事或航空服务行业,这是因为安全性和移动性的限制,而在传统民用通信行业则可快速蔓延开来。实际上,通常用于卫星连接的协议优化解决方案(一般称为 PEP)对于卫星/地面混合网络而言,不够“透明”,从而构成旨在实施在地面网络中集成卫星,以便提供移动服务的“集合”方法的一个真正的障碍。

因此,本章将处理卫星/地面混合网络中与传输层有关的问题,尤其是 TCP。6.2 节将进一步介绍性能增强代理的准则及其在卫星/地面混合网络环境中存在问题的原因;6.3 节和 6.4 节专注于过去几年得到快速发展的 TCP 的演进,并给出在卫星连接环境中开发可替代传统解决办法的方案;6.5 节将给出具体的混合网络案例。

6.2　性能增强代理

本节介绍为使 TCP 适应卫星环境而采用的两个机制:SCPS 传输协议(SCPC Transport Protocol,SCPS-TP)(在参考文献[SCP 06]中有详细描述)和 I-PEP[ETS 09d]。SCPS-TP 是 CCSDS(以下称为“提示”)定义的众多协议中的一个,这个协议是为提高地球静止卫星上的 TCP 性能而进行的性能增强代理开发的基础,是目前为止唯一获得商业成功的协议。

具体而言,ETSI 支持的 SatLabs 联盟采用 SCPS-TP 协议作为 I-PEP 规范的基础。I-PEP 的提出是为帮助在空间设备间互操作 PEP 的实施(主要是数字视频广播-卫星回传信道(DVB-RCS)解决方案)。这个规范本身是基于 CCSDS 对于 SCPS-TP 的规范。

6.2.1　空间通信协议规范

1. SCPS-TP

作为提示,CCSDS 规定的 SCPS 协议栈由以下几部分构成。

(1)SCPS-FP。一系列使其更高效且增加了更多高级功能(记录更新和文件完整性控制)的文件传输协议(File Transfert Protocol,FTP)的扩展协议。

(2)SCPS-TP。发送端上为提高 TCP 在受限环境(延迟大、二进制误码率或不对称性程度高)中的性能而基于 TCP 修改的系列方案,SCPS-TP 方案即在互联网地址编码分配机构(Internet Assigned Numbers Authority,IANA)登记的 TCP 方案,因此 SCPS-TP 兼容其他 TCP 实现。

(3)SCPS-SP。可比拟互联网协议安全(IPSec)的一个安全性协议。

(4)SCPS-NP。一个等价于 IP 但与 IP 没有互操作性的"稍有效的"网络层。

作为对当前基础互联网协议,如 TCP、T/TCP 和 UDP 的扩展,SCPS-TP 提供了许多(可靠的或不可靠的、连接的或非连接的、具有或不具有确认的)传输服务,具体如下。

(1)"完全可靠"服务。确保对所有数据的无差错且有序的正确接收。

(2)"部分可靠"服务。确保无差错且有序地接收发送的数据,但不保证完成全部传输。

(3)无确认服务。只简单确保无差错的接收(不保证顺序和完整性)。

修改主要是针对资源有限的卫星通信网络。因此,修改满足的是特定的空间连接需求:显著/可变传播延迟(非对称连接)、带宽减小(按需分配)和随机/不定时数据包丢弃。

下面列出了 SCPS-TP 为改善 TCP 而提出的扩展。

(1)针对业务的 TCP[BRA 94a]。简化了初始化 TCP 连接时的"握手",并为遥测/遥控(TM/TC)型流量提供了"可靠数据报"模式(有助于极长距离的连接)。

(2)窗口缩放[BRA 92]。针对需要传输超过 65 KB 数据的通信环境(在任何给定的时间)。

(3)往返时间测量[BRA 92]。针对在任何给定时间具有高误码率(Bit Error Rate,BER)、可变延迟或显著数量的数据传输的连接。

（4）防止回绕的序号（Protection Against "Wrapped Sequence Numbers"，PAWS）[BRA 92]。应对具有高传输延迟或极宽带宽的环境。

（5）选择性否定应答（由文献［FOX 89］改进而来）。专为具有高误码率的连接设计。

（6）选择性确认[MAH 96]。也是针对具有高误码率的连接。

（7）记录边界指示。从端到端可靠地标记和传输记录结束指示的可能性。

（8）"尽力而为"通信。允许应用检索接收到的无错误、有序但可能不完整的数据的范例。

（9）报头压缩[JAC 90]。针对具有低带宽的环境。

（10）最小拥塞控制（低丢包率）或无拥塞控制。

（11）显式拥塞通知（Explicit Congestion Notification，ECN）[RAM 01]。提供方法用以改善兼容 ECN 的网络的性能。

（12）特定重传策略。针对空间环境，实现对数据损坏、连接断开和拥塞有关问题更好的处理。

2. 由 SCPS-TP 提供保障的服务

这项操作模式完全基于 TCP 互联网标准和征求修正意见书（Request for Comment，RFC），并采用了文献［SCP 06］第 3 节中规定的诸多扩展和选项。

TCP 扩展影响如下。

（1）连接的建立。协商 SCPS-TP 选项"支持容量"。

（2）传输（"记录边界"和"尽力而为"传输服务管理）。

（3）差错管理。

（4）数据流控制（拥塞和传输）。

（5）超时设定。

（6）网络连接的断开。

（7）选择性否定应答（Selective Negative Acknowledgment，SNACK）。

（8）报头压缩。

（9）多重传输（用作范·雅各布森或维加斯等闭环中流/拥塞控制机制替代方案的"前向纠错"技术）。

虽然没有详细说明 SCPS-TP 所有选项，但依然可以了解到影响该协议性能的主要选项与重发及数据流和差错控制技术有关。具体而言，用于计算重发定时的算法被一个集成了基于往返时间（Round Trip Time，RTT）及其方差的成型的版本取代。可以建立具有或不具有拥塞控制的模式，不具有拥塞控制撤销了"慢启动"，避免 TCP 拥塞；具有拥塞控制提供标准拥塞控制（范·雅各布森和指数回退)或使用维加斯机制。

如果网络赋予了查明丢包根本原因(传输导致的实际拥塞或丢失/改变)的能力,则建议只对丢失/改变情况应用"指数回退"机制。使用管理信息库(Management Information Base,MIB)和/或跨层机制可恢复这项实际拥塞测试。如果实施了 ECN,则亦可通过 ECN 恢复。

SCPS-TP 规范还建议了一些在连接断开时,可在 TCP 发送端收到通知(通过任何手段:跨层或通过管理信息库请求)后采取的措施。

有关实施需要遵守本规范给定的建议,并建立一张规范表,详细说明 SCPS-TP 规范中开放的各个选项采用的选择。

6.2.2　I-PEP

与 SCPS-TP 一样,I-PEP 是针对 DVB-RCS 卫星通信的一个实施规范。I-PEP扩展了 SCPS-TP(因此也与 SCPS-TP 兼容)。

1. I-PEP 目标

I-PEP 规定了性能增强代理的互操作性行为,以促进卫星设备通过不同提供商(图 6.1)的集成。为此,有必要标准化性能增强代理卫星接口的功能,从而允许混合不同供应商的性能增强代理软件。

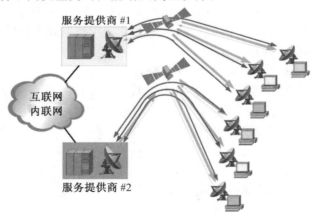

图 6.1　I-PEP 概览[ETS 09d]

从功能上看,I-PEP 专注于空中接口(卫星连接)。I-PEP 依赖于一个对于终端应用来说透明的"分离"模式性能增强代理架构(图 6.2)。通常人为设计性能增强代理客户端和性能增强代理服务器用于区分各个性能增强代理实体,因为 I-PEP 协议是对称的。

图 6.3 所示为 I-PEP 协议集成的三个实例:图 6.3(a)为由同一个 I-PEP 客户端提供服务的多个应用客户端;图 6.3(b)为基于卫星中继段上并置的多

个 I-PEP 服务器,将客户端应用(用户设备)和单个 I-PEP 客户端联系起来的配置;图 6.3(c)为专为连接到一个没有并置在卫星中继段上的 I-PEP 服务器的远程位置(DVB-RCS集成终端)而设置的一个 I-PEP 客户端。

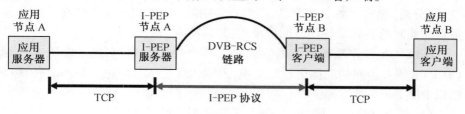

图 6.2　I-PEP 基本组分[ETS 09d]

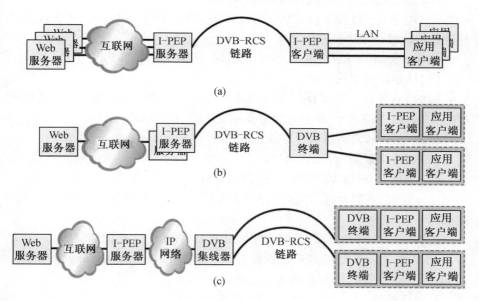

图 6.3　I-PEP 协议集成的三个实例[ETS 09d]

I-PEP 传输协议被用于在两个 PEP 实体(客户端/服务器)间可靠地传输数据包。为避免重新定义新协议的麻烦,并确保与非 PEP 实体的互操作性,使用 TCP 作为基础。

正如前文多次提到的,TCP 并不特别适用于经由带宽延迟积(Bandwidth Delay Product,BDP)较高或易于出现传输错误("真"拥塞所导致的除外)的网络通信。从定义来看,卫星连接属于带宽迟延积较高的类别,并且容易出现差错传输的类型。

2. 协议概览

首先,这是一个传输层协议(遵从 TCP),它也可选择性地成为一个会话层协议。

"分离"模式中的 I-PEP 功能可选透明或代理模式。在客户端功能和服务器功能间的 I-PEP 连接有两种模式:"逐跳"和"端到端"。

I-PEP 在客户端和服务器间提供了一个通信信道,实现了应用客户端(TCP)和服务器间的最优化数据交换,通常用于接入互联网。I-PEP 传输提供以下服务。

(1)可靠通信。有序、防止差错、采用数据流控制。

(2)最小化使用的带宽,限制了协议开销。

(3)优化通信性能。通过减少卫星双向卫星链路的数量并定义适合于卫星连接的传输速率和拥塞控制实现。

此外,还向传输层添加了一个会话协议,其最低要求如下。

(1)确定服务器的位置。

(2)协商各 I-PEP 实体间交换的最少特征和 I-PEP 需要考虑的网络特征(如最大返回传输速率、最小分配带宽和支持的 HTTP 加速)。

作为可选项,会话协议可提议如下。

(1)客户端设备(及用户)认证。

(2)通信安全性(基于卫星连接的加密技术)。

通过扩展,该规范针对应用改善(如 HTTP 预读)或具体应用协议提出了建议。

这实现了 I-PEP 协议的专有扩展,可增加更多服务(功能和性能)。没有为 I-PEP 服务设置专门的应用程序接口(Application Programming Interface,API),因为接口依旧与 TCP 接入完全兼容。

3. 会话管理

(1)服务器位置。确定 I-PEP 服务器的 IP 地址,通过基于卫星连接的通告、域名服务器(Domain Name Server,DNS)请求或客户端配置。

(2)建立会话。一个会话与一系列传输通信相关,为后者实现了通信环境分享。最低限度会话实现了对传输选项(I-PEP 协议实施及提供商识别和协议版本支持的选项)的协商。

(3)会话也可用于验证客户端、协商共享秘钥和其他服务,如计费。

(4)每个会话由一个唯一识别符引用。

(5)结束会话。由服务器的客户端通过明确的消息实现,或在不再有传输通信时自发实现(隐式)。

（6）维护会话。如果必要,会通过交换控制消息来监督客户端/服务器间的通信或更新环境参数。

6.2.3　与性能增强代理有关的问题

性能增强代理(PEP)是卫星服务中的一个实体。它们主要在卫星网络架构中被用于优化性能,以及加速它们提供的应用(HTTP 和 DNS)。因此,性能增强代理在这里的功用明显超越了它们的初始目标,与那些可能带有初始限制的卫星上 TCP 操作相比,提供了更多和更好的解决方案。

然而,性能增强代理仍然存在许多局限性,这些局限性导致它们在下一代网络架构中的使用出现多种问题。以下章节将简要介绍其在安全性和移动性服务方面出现的问题。

1. 安全性受到的影响

性能增强代理需要分析 TCP 段的报头和各边界实体间交换的 IP 数据包,以便在必要时初始化合适的网络连接。VPN 可通过或不通过卫星,使用 IPsec 隧道来确保通信安全,即遮掩 IP 数据包的内容,特别是数据的源地址和目的地址。因此,通过隧道来实施性能增强代理是不可能的。然而,在 IPsec 隧道末端实施性能增强代理却是有可能的,但这需要更多具体配置、安全性(不一定是端到端)和了解隧道通过的具体连接。如果隧道是从用户终端开启的(从信息安全性的角度来看,这似乎更好),则卫星终端可不再对数据包的内容进行操作,因为该数据包的内容另有用处,如帮助分类服务质量架构或帮助性能增强代理的处理。

2. 移动性受到的影响

移动架构的实施,如先前介绍的移动 IP,也对性能增强代理提出了诸多复杂要求,其中最大的问题是由混合移动所导致的。在卫星网络要求性能增强代理加速网络,而混和移动场景时,这样的加速已不再需要,甚至起到限制作用。实际上,性能增强代理管理和加速的 TCP 连接应能够在缺乏性能增强代理、没有断开传输的情况下继续通过另外的路径存在。有以下三种可能的场景可实现这样的目的[DUB 10]。

（1）由通信系统的低层管理的移动性,使传输层变得透明。

此时,应在地面网络上使用性能增强代理,同时会带来相应的问题(攻击性)。

（2）由高层管理的移动性。

这种情况下,在使用了地面网络时,应直接向接收机发送卫星上使用性能增强代理的 TCP 连接。然后,需要将两个 TCP 连接组成的序列转换为单个连续的端到端 TCP 连接。目前的标准 TCP 栈还未实现这项功能。

（3）由高层管理的移动性，但必须依赖于新网络中的一个中间元素。

这个新的将生成附加处理的性能增强代理可适配新的网络，即使这并不是地面网络所需要的。因此，必须通过交换环境来执行性能增强代理间的同步。在这样的传递过程中，必须暂停 TCP 连接，以便确保通信不受干扰。性能增强代理必须具备足够的"兼容性"来接受这样复杂的情境。目前没有定义此类环境传递的标准。

因此，卫星网络上优化 TCP 协议所需使用的性能增强代理明显增加了卫星网络在下一代地面网络中的集成难度。6.3 节将介绍近期的 TCP 进展，这些进展提供了这个问题的优化解决方案。

6.3　TCP 演 进

TCP 协议在其存在的 40 多年中发生了很大的变化，为的是及时调整自身来适应网络的演进。在本书有限的篇幅中，无法详尽地描述所有这些变化，因此将简要讨论 TCP 经历过的重大修改，尤其是在拥塞控制方面。美国国防高级研究计划局（Defense Advanced Research Projects Agency,DARPA）于 1973 年创建的传输控制程序（RFC 675）奠定了如今的 TCP 协议的基础。这个文件中定义了程序接口、数据结构和连接管理机制。在 20 世纪 80 年代末，RFC 1122 规定互联网传输协议必须实施拥塞控制，最为重要的是在不同大小的窗上实施"缓慢启动"和"拥塞避免"机制。这导致了如今所知的第一个使用拥塞控制的 TCP 版本 TCP Tahoe 的产生。"缓慢启动"阶段以指数趋势提高发送端拥塞窗口的大小，使其逼近（上一次）因网络拥塞而导致丢包时的窗口大小。紧随其后的"拥塞避免"阶段在不产生丢包的前提下线性提高窗口的大小。

TCP Tahoe 存在的主要问题在于其基于定时器的丢包检测，相对于缩短的网络延迟（双绞线、光纤等）而言，这样的丢包检测时间太长。在 TCP Tahoe 被提出两年后，又增加了"快速恢复"和"快速重传"机制，用以更快速和较无害地检测和修正拥塞窗口，这导致了 TCP Reno 版本的产生。1994 年发布了新的拥塞控制版本，名为 TCP Vegas。它通过分析丢包和经过网络延迟的变化检测拥塞；通过 TCP 段及其确认测量延迟。延迟提高代表了网络缓冲的增加，这可能导致拥塞风险。尽管方案可行且传输速率非常有利，但 TCP Vegas 始终未被广泛使用。

新的 TCP Reno（RFC 3782）通过在每次重复应答时再次发送片段，改善了"快速恢复"机制。与 Reno 版相比，这个版本的 TCP 中发送速率有所提高，尤其是在具有高丢包率的连接上。新 TCP Reno 是目前使用最广泛的 TCP 版本,但可能将很快被 6.3.3 节中讨论的新版本取代。

6.3.1　TCP 对卫星环境的适应

为适应具体媒介或环境(一般是无线或卫星网络),已有许多 TCP 版本被提出。没有必要详尽分析所有这些不同的版本,这里只讨论适应卫星环境最新、最重要的 TCP 版本。

这些专门版本没有得到广泛部署(尤其是在服务器侧),因此需在性能增强代理解决方案中考虑这些版本。

(1)Noordwijk[KRI 08]。

Noordwijk 由欧洲航天局部署,该协议的设计目的在于:在确保优良的大型数据包(如 FTP)传输性能的同时,优化卫星连接上最小数据包(如 HTTP)的传输。它的目标环境是采用 DVB-RCS 标准、在两个性能增强代理实体间实施按需多址接入的通信环境(参见 2.2.4 节中有关性能增强代理的描述)。

(2)TCP FIT[WEN 10]。

TCP FIT 的理念在于像某些应用一样,使用多个 TCP 连接来实现最佳传输速率。这个版本估计了最新周期内的输出数据包和窗口的平均大小,从而决定是否增加或减少虚拟连接的数量,随后拥塞窗口相应改变。在模拟长期演进网络的实验中,TCP FIT 展现出了对 TCP 的友好及传输速率相对 Cubic 高达两倍的提升。

(3)Hybla[FIR 04]。

TCP Hybla 是 TCP 专门针对卫星网络中的典型长往返时延导致性能退化的一个改善版本。在包含高延迟段(如卫星)的异构网络环境中,Hybla 旨在消除高延迟段相对于往返时延较短的段的不利影响。它由以下过程构成:专为估计信道容量的 Hoe 算法[FIR 04]、时间段、选择性应答(Selective Acknowledgment,SACK)策略和数据包间隔技术。TCP Hybla 仅需要在发送侧实施修改,即实现与标准接收端的完全兼容。

6.3.2　TCP 改善的选项与机制

本节总结了改善 TCP 或使其适配特定类型网络,如 Wi-Fi 和卫星网络的主要机制和选项。其中一些是通用的(如 TCP 选项),而另一些则具有专门针对性,或改变了 TCP 行为,或变更了特定条件下或特定环境下的 TCP 操作。

1. TCP 选项

TCP 选项可发挥重大作用,因为它们没有修改协议的语义,且可根据自身用途而被激活/停用。下面介绍由 IETF 列出的、具有 IANA 标识符的 TCP 选项。

(1)TCP 选择性确认。

TCP 确认是累积的,接收端仅返回第一个未确认分段的值。选择性确认选项告诉发射端哪个分段被丢弃了。选择性确认[MAH 96]最多通知发射端接收到四块分段,如果其中一些被丢弃或发生乱序,则该选项域中将会指明。鉴于无线和卫星连接经常发生相关丢弃,这个选项在这些环境中将具有更大的作用。该选项改善了快速重传算法[ALL 03],一些 TCP 版本便使用该改善的快速重传算法来提高效率。该选项在初始化连接期间协商。

(2)TCP 时间戳。

在确定重传超时(Retransmission Timeout, RTO)时,往返时延测量至关重要。然而,在 TCP 中,单个往返时延值是每个窗口独立计算的,这可能会出错。时间标签选项[BRA 92]包含两个域:发射端的时间值和已确认的数据包的初始时间值(仅针对确认)。这项功能可用于解决其他问题,尤其是检测重组或识别接收到的已被确认的分段。该选项必须出现在同步(Synchronize, SYN)段中,才能被激活。

(3)TCP 窗口缩放。

TCP 窗口缩放选项[BRA 92]有助于增加 TCP 接收窗口的大小超过其上限值。不同的主机可为其窗口配置不同的缩放因数。该缩放值在初始化连接时发送,通过将该域设置为 0,主机可在不影响其自身窗口的情况下给予用户该选项。该选项在卫星网络中极为有用,因为它意味着窗口无须限制与窗口大小除以连接延迟的商有关的发送速率。

(4)TCP 用户超时。

在标准 TCP 版本中,连接因为无确认分段而超时。该选项[EGG 09]通告超时,从而分享时间策略。超时越长意味着发生移动性的沉默期越长,而较短的超时意味着需要维持联系以便保留连接。

2. TCP 优化

与上文的 TCP 选项不同,TCP 优化未经标准化,因此难以在连接中实施,除非网络的发送端和接收端具有适配的终端。这些机制因此成为性能增强代理背后可能的 TCP 改善解决方案。

(1)初始窗口。

缓慢启动 TCP 阶段是在网络中实现可接受传输数率所必需的,它也增加了启动连接时的延迟。2002 年,拥塞窗口的初始大小被修改,分段数增加到了四段。如今,网站持续复杂化,Google 提请 IETF 将初始窗口提升到 10,因为其观察到该初始窗口值足以在一次往返时延中下载 90% 的网页。

大多数环境中,这对拥塞管理带来的后果似乎是可忽略的,但如果带宽有限,则可能会造成明显问题。此时,可缩小窗口大小。如果在 TCP 选择性应答选项中缩小窗口大小,则将显著改善长延迟网络,如卫星网络中的 HTTP 行为。

(2)快速启动。

拥塞算法适应正确拥塞窗口的过程需要花费一定的时间,这可能在可变支持上,如无线网络及最为重要的垂直移动性上造成问题。快速启动[ALL 07]是 IP 和 TCP 间的跨层机制,实现了整个接入路径上的明确传输速率要求。

(3)早重传。[AVR 10]

早重传触发了特定条件下,尤其是当几乎没有交换分段时的快速重传,从而减少了快速传输所需的"重复 ACK"的数量(一般为三个)。它使用快速重传来检索被丢弃的分段,如果没有这个解决方案,则重传延迟时间会较长,造成超时。换句话说,在这种情况下,丢弃导致的连接断开会更快速地恢复,因此改善了延迟。

(4)有限传输。

在具有较高往返时延的环境,损失的时间可能显著造成连接延迟。当进行重组时,TCP 等待三个重复 ACK 后才激活快速重传,但前两个重复 ACK 的到来表明,传输的数据包数量已减少(被确认的数据)。如果获得这两个广告窗(Advertised Window,Awnd)授权,TCP 协议有可能发送两个新的分段。

6.3.3 新的 TCP 版本

TCP 总在发展变化中,以便适应新支持(无线网络等)和新用途(高速、视频等)提出的新的通信规范。然而,TCP 版本是否被使用最终取决于其在网络终端主机中快速部署的能力,当前这只能通过新系统中的扩散或特定性能增强代理来实现。实际上,尽管研究活动蓬勃开展,TCP 协议也只能是零散地演变。

然而,最近几年的形势发生了很多变化,在 Linux 团队(Cubic)及 Windows(Compound)的共同推动下,出现了两个新的 TCP 拥塞控制模型。随着它们的全球性推广和操作系统的频繁更新,现在这两个 TCP 版本已被广泛使用。

(1)Cubic[RHE 08] TCP。

在这种情况下,最后一次拥塞事件后,拥塞窗口随着时间的立方发生变化。在 Cubic 中,无须等待确认便可提升拥塞窗口的大小,因为拥塞窗口取决于之前的拥塞事件。在配备不低于 2.6.19 内核的 Linux 系统中,Cubic 是默认的 TCP 版本。

发送窗口由下面公式控制(Cubic TCP 的拥塞窗口控制),即

$$W_{cubic} = C(t-K)^3 + W_{max} \tag{6.1}$$

式中,C 是 Cubic 的一个参数;t 是最新窗口值减少后的延迟;K 是没有丢包时,从 W 提升到 W_{max} 的延迟。

(2) Compound TCP[ZHA 06a, ZHA 06b]。

Compound TCP(CTCP)旨在保持对 TCP 友好的同时,快速适应可用的带宽。它的拥塞窗口管理的主要特性在于对丢包和延迟的依赖。也就是说,Compound TCP 管理着一个双拥塞窗口:一个与 TCP Reno 相同;另一个基于延迟,称为延迟拥塞窗(Delay Congestion Window,Dwnd)。仅在拥塞避免阶段使用 Compound TCP。例如,在卫星网络中,显著的传播延迟可能扭曲重传定时器,导致丢包。基于延迟的拥塞窗口使得可估计并考虑端到端延迟。目前实施 Compound TCP 的操作系统有 Windows Vista、Seven 和 Server 2008。此外,对于 Windows Server 2003 和 Windows XP 64 位系统,还提供了一个补丁。基于延迟的拥塞控制具有独特优势,它可通过测量延迟变化预估拥塞,从而限制极不利于卫星网络的丢包的发生。

CTCP 拥塞窗口的演变公式为

$$win = \min(cwnd+dwnd, Awnd) \tag{6.2}$$

式中,cwnd 和拥塞窗口基于丢包(和 TCP Reno 中的情况一样);dwnd 基于延迟窗口;Awnd 基于接收窗口。dwnd 按下式计算得出(基于延迟的 CTCP 拥塞窗口的演变公式),即

$$dwnd(t+1) = \begin{cases} dwnd(t)+(\alpha \cdot win(t)^k -1)^+, & diff<\gamma \\ (dwnd(t)-\zeta \cdot diff)^+, & diff \geqslant \gamma \\ (win(t) \cdot (1-\beta)-cwnd/2)^+, & \text{检测到丢包} \end{cases} \tag{6.3}$$

式中,diff 是估计传输速率和实际测量到的速率之间的差乘以往返时延,它对应于输入到网络中但无法被接收、在网络中传输的数据包的数量;γ 是触发阈值;α、β 和 ζ 为常数。

6.3.4 卫星连接的特征

由于与地球的相对位置是固定的,因此地球静止轨道(GEO)卫星成了使用最广泛的卫星,它确保永久覆盖地球上的一个特定区域。这便是 GEO 即便成本高昂且具有传播延迟,还被广泛用于电信行业的原因。

该卫星通信方法具有诸多方面的特征,下面介绍这些特征。

1. 端到端延迟

GEO 卫星网络中的原始传播延迟约为 250 ms,相对于其传输和传播特征

而言,这个延迟是相当大的。加上底层网络的发射时间、接入时间、路径时间及处理时间(拥塞控制、重传编码/解码、加密/解密等),端到端延迟数值将大大高于原始数值。图 6.4 所示为真实卫星(Ka 波段的 DVB-S2/RCS 平台 OURSES[OUR 10] 上应用延迟(ping 回声请求/回复)的演变。此次测量给出了卫星终端后的客户端和网关后的服务器之间的往返时延。可以观察到,平均请求/回复延迟为 660 ms。

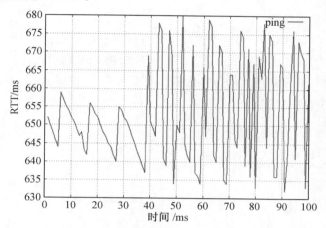

图 6.4　真实卫星(Ka 波段的 DVB-S2/RCS 平台 OURSES)上应用延迟
(ping 回声请求/回复)的演变

卫星网络中的带宽成本目前依然居高不下。这反映出,目前的商业系统提供的传输速率依然很低,尤其是在 DVB-RCS 返回信道上。然而,随着较少使用的 Ka 波段的应用及自适应编码调制和多点的改进,已可以提供高速服务。

2. 信噪比、信号衰减及丢包的影响

在卫星通信中,经常发生传输信道造成的错误,这是空中接口随着无线信号的改变而变化导致的。

这些特性有一些也会出现在地面无线网络中,但由于改善了无线接口的功能,如编码算法和 ACM 技术,因此地面无线网络中没有出现那么多问题。DVB-S2 已被证明可为卫星提供一个错误率极低的信道。

3. 前向信道和返回信道间传输速率的不对称性

在提供了具有成本效益且高效的服务的同时,DVB-S2 前向信道上的传输速率明显高于 DVB-RCS 返回信道,这是卫星无线传输和系统规模导致的。

4.抖动变化

为弥补信道中的变化(信号衰落或劣化),卫星采用了控制、编码和自适应调制机制,导致应用的抖动变化。

5. 突发中的接入框架

接入信道不是连续的,但依据时隙分配。这导致突发式数据传输,偶尔产生大幅抖动。

6.按需分配带宽

带宽经常是使用 DAMA 等机制集中分配的,这使得在获得请求的带宽前产生了明显的额外延迟。在一定的时期内,容量和延迟可能急剧变化。并非所有类型的卫星通信系统都包含按需分配带宽,一些卫星通信系统只有静态分配。

6.3.5　对传输层的影响

DVB–S2/RCS 卫星系统的所有这些特性都将对 TCP 传输层的性能产生影响,但这里只关注长延迟和低传输速率对 TCP 通信的显著影响。

归根到底,对于卫星网络中的 TCP 来说,与长延迟和传输速率变化相比,错误不再是主要的问题。

标准 TCP 算法,如缓慢启动、拥塞避免和超时重计时器(Retransmission Timer,RTO)等,由于延迟较长及传输速率不对称且可变,因此不适合在卫星网络中应用。

简言之,卫星环境中 TCP 的主要问题有以下三点。

(1)往返时延较长,导致需要丢弃资源和带宽的缓慢启动阶段被延长。因为 TCP 重传定时器与往返时延成比例变化等,所以错误检测过程被延长。

按需分配带宽机制引入的延迟会增加往返时延,这涉及可能具有 RTO 超时的缓慢启动阶段期间拥塞窗口大小的缓慢演变。

(2)较大的带宽延迟积使得每次 TCP 连接都会产生较大的传输窗口,这不可避免地增加了数据包丢失的概率,可能会触发 TCP 拥塞控制机制。卫星网络中大多数情况下,TCP 拥塞控制机制将丢包视作拥塞,这会对用户产生直接影响,因为它明显降低了传输速率。如果不在这些机制中考虑往返时延,则较大的往返时延将会对 TCP 行为产生不利影响。

带宽延迟积规定了任何时候,为充分利用可用带宽,发送端需要传输的数据量。带宽延迟积是连接率与往返时延的乘积,即带宽延迟积 BDP 为

$$BDP = 瓶颈\ BW(bit/s) \times RTT \tag{6.4}$$

(3)连接的不对称,这可导致返回 ACK[PAD 02] 的容量较低,从而导致 ACK 的去同步化,限制了前向信道上的传输速率。

6.3.6　小结

本节简要介绍了卫星网络中传输层存在的主要问题以及目前用于改善这些问题的主要解决方案。下一节将重点介绍最常见的 TCP 版本的性能。

本研究不进行详尽的论证,但会尝试给出上文列出的问题的结果,也就是说,将借助具体案例来比较不同 TCP 版本(Reno、新 Reno、Hybla、Cubic 和 Compound)的性能,并介绍最新版 TCP 有望实现的优势。

所有测量均在连接到 AIRBUS DS 开发的卫星网络模拟测试平台的 Linux 和 Windows 操作系统上进行。

6.4　地球静止网络中的 TCP 性能

6.4.1　测量和分析技术

评估 TCP 的性能时,选用以下指标。

(1)序号的演变。该指标说明了发送的数据包的演变,有助于监控 TCP 连接的效率和规律,提供了被丢弃分段、连接中断和发送的数据量的有关信息,序号比较具有很大的用处,它可帮助简便地比较不同 TCP 版本。

(2)使用的 Cwnd 拥塞窗口的大小(对于 Windows 7 上的 CTCP 不适用)。

(3)端到端延迟,提供了缓冲状态的有关信息。

(4)应用传输速率,定义了给定时刻的平均数据发送量。

本节对一路空链路上的单个 TCP 连接执行有关测量,目标在于准确观察卫星 TCP 拥塞控制的行为。

这些实验通过序号的演变,表明了 TCP 连接的数据包发送能力。以应用感知到为准,测量端到端延迟,该延迟将包含传播延迟和发送缓冲耗费的时间。此外,还测量了应用传输速率。

6.4.2　系统配置与测量

在测试中,以 250 ms 的单向延迟(One Way Delay,OWD)和 512 kbit/s 或 2 Mbit/s 的带宽模拟卫星连接,错误率保持为 0(无衰落)。512 kbit/s 连接上的序号、传输速率和往返时延如图 6.5 所示。

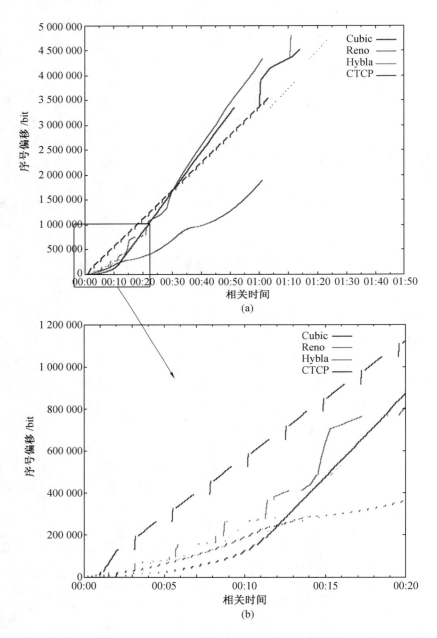

图 6.5　512 kbit/s 连接上的序号、传输速率和往返时延(见附录彩图)

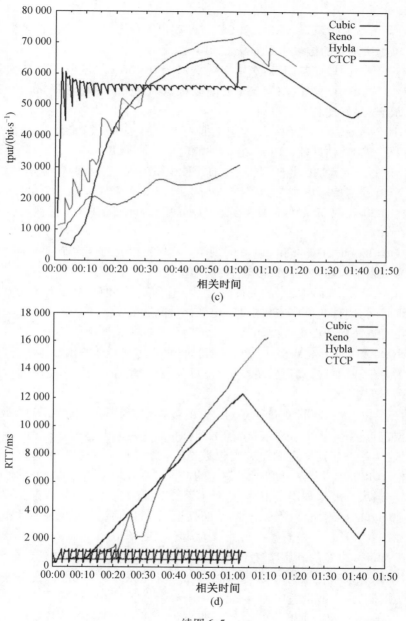

(c)

(d)

续图 6.5

1. 分析

在图 6.5 中,Cubic、Hybla 和 CTCP 展现出了优于新 Reno 的性能。与新 Reno 相比,CTCP 的传输速率提高了 50%。

有两个时间段尤其明显:第一个时间段为 0~30 s,期间 CTCP 最大程度地利用了可用的传输速率;第二个时间段从 30 s 到结束,期间 Hybla 和 Cubic 等主动协议最好地利用了连接。

CTCP 是最稳定的版本,因为它把拥塞控制建立在延迟和丢包管理之上。由于可更准确地估计往返时延,它的性能优于其他 TCP 版本。

由于过于主动,因此 Hybla 版在前几秒稍微出现了混乱,从而触发拥塞控制机制(在序号中可以观察到存在一些间断)。

在前 30 s,CTCP 的传输速率约比 Hybla 和 Cubic 高 30%。后两者的传输速率在 30 s 处赶上了 CTCP。

在 $t=30$ s 时,Hybla 和 Cubic 展现了与 CTCP 相近的传输速率。这个主动的行为带来了问题:20 s 后,传输中断了 10 s。

后来,拥塞和缓冲带来的副面效应(超时和重传)使得数据流在 60 s(测试持续时间)时停止。CTCP 则没有出现这种问题。

在带宽使用和占用方面,CTCP 快速向正确的传输速率收敛。

Hybla 和 Cubic 需要多花约 10 s 的时间才能达到同样的传输速率,但此后依靠更为主动的算法实现反超。然而,新 Reno 主动性不足,这使得其对信道的占用不理想。

在重传方面,Hybla 重传了超过 2% 的数据包,而 Cubic、新 Reno 和 CTCP 的数据包重传率分别为 3%、1% 和不到 0.1%。表面上新 Reno 的重传率较低,但这实际上与其发送的总数据包数量有关,它发送的总数据包数量仅约为其他 TCP 版本发送的总数据包数量的 1/3。考虑到这一点,CTCP 的性能表现最佳,最大程度地利用了带宽,这对于资源有限的卫星环境来说至关重要。

在同样的延迟条件(250 ms 的单向延迟),2 Mbit/s 连接上的序号和带宽使用如图 6.6 所示。所有数据流的行为几乎一致,但 Cubic 的表现要优越些,它对 2 Mbit/s 带宽的利用率优于其他版本,达到了 1.5 Mbit/s 的近似最大值。

Hybla 也展现出了与 Cubic 同样的性能,但提供了更多功能。它在保持强大性能的同时,更好地适应了长肥网络(Long Fat Network,LFN),其传输速率为 1.5 Mbit/s。尽管如此,在达到稳定传输率之前,仍可在初始数据包中观察到许多丢包。

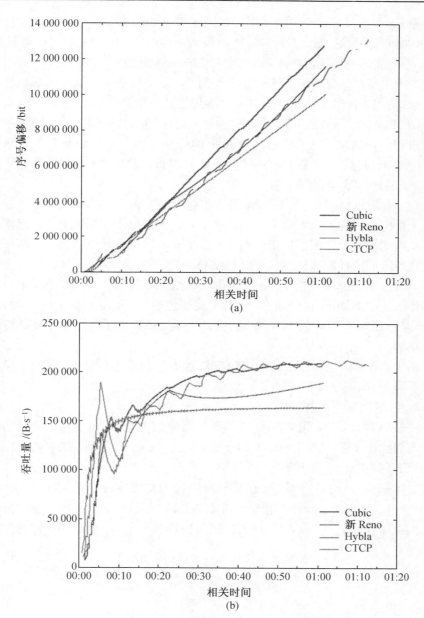

图 6.6　2 Mbit/s 连接上的序号和带宽使用(见附录彩图)

　　新 Reno 也很好地利用了带宽,达到了 1.3 Mbit/s 的传输速率,但在前 20 s中出现了问题。新 Reno 本身的设计并不适用于卫星网络,但其对 2 Mbit/s带宽的使用能力依然强于对 512 kbit/s 带宽的使用能力。

　　专为卫星网络设计的 Hybla 和主动的 Cubic 都表现出了优于 CTCP 的性能。然而,仍需注意 Hybla 在前 20 s 中表现出的不稳定性。

　　CTCP 达到了 1.2 Mbit/s 的传输速率,但当存在高 BDP 时,其传输速率会受到限制。正如前面已说明的,1 Mbit/s 的传输速率对于传统商业卫星系统上单个 TCP 连接(在多个 TCP 连接上分享 1 Mbit/s 带宽时不会出现传输受限问题)来说,属于特例而非常态。

　　在重传方面,Hybla 重传了 7% 的数据包,而 Cubic、新 Reno 和 CTCP 的数据包重传率分别为不到1%、1% 和不到 0.1%。在长肥网络中,Hybla 遭遇了困难。因为很好地适配了长肥网络[YAM 08],Cubic 的重传较少。而 CTCP 在数据包重传方面的性能极佳,且最大程度地利用了带宽。

　　乍看之下,CTCP 在这方面的配置似乎是最不高效的,但根据前 2 s 中窗口和传输速率的演进,可明显看出 CTCP 更快地达到了稳定传输速率。此外,CTCP 是最稳定的 TCP 版本,不仅较少出现丢包,还提供了几乎呈线性的传输速率演进。

　　基于 CTCP 丢包和延迟的拥塞窗口管理能更快速地适应,其传输速率只稍微下降,而演进保持稳定。

2. 各 TCP 版本的异构性

　　一般而言,极少会出现客户端和服务器使用完全一样的 TCP 版本的情况。前面给出了卫星环境下 CTCP 的各项数值,配备不同 TCP 版本的不同客户端-服务器组合的实验结果见表 6.1。

　　总体来说,异构客户端/服务器组合的行为似乎主要受发送端影响,但 CTCP 例外。实际上,无论是用于发送端还是用于接收端,CTCP 的使用都会影响到总体连接行为,这与传统 CTCP 同构连接相似。接收端的演进使新 Reno受益。

表6.1　配备不同 TCP 版本的不同客户端–服务器组合的实验结果

接收端 发送端	新 Reno	Hybla	Cubic	CTCP
新 Reno	—	Hybla +–	Cubic +–	CTCP +–
Hybla	Reno ++	—	Cubic +–	CTCP +–
Cubic	Cubic +–	Hybla ––	—	CTCP +–
CTCP	CTCP +–	CTCP +–	CTCP +–	—

注:"––"较差 ,"+–"相似,"++"较好。

表6.1 指出了与异构客户端/服务器组合总体行为最相近的同构连接。分别使用符号"––"或"++"表示相应同构连接行为相对于该异构组合的稍微退化或改善。"+–"表明,该异构组合的行为与在每个末端均使用相应协议的情况下的行为相似。例如,在接收端使用 Hybla、在发送端使用新 Reno 的 TCP 连接,与在发送端和接收端上均使用 Hybla 的 TCP 连接提供了相似的性能。

鉴于初始测试表明了在卫星网络中使用 CTCP 可实现的各项数值,这些结果很有意义。实际上,仅仅修改服务器上的 TCP 版本,就可以修改 TCP 连接的总体行为。

6.5　混合环境下的 TCP

6.5.1　混合网络对传输层的影响

本节分析移动环境及异构网络中,TCP 在切换方面面临的问题。这里将特别关注混合切换(水平或垂直),因为在这些场景中,一旦发生卫星–地面切换,端到端路径的特性就会明显改变。研究人员已发表了许多针对 TCP 切换的文章,其中很多都专注于无线或地面蜂窝网络,而至今还没有人研究卫星网络。下面章节将分析卫星网络涉及的相关问题。

1. 基于 TCP 的应用维持

在切换期间维持 TCP 应用连接的第一要点是 TCP 连接本身,第二要点是防止应用断开连接。

(1)维持 TCP 连接。

TCP 使用 IP 地址和端口号作为目的地和源地的 socket 接口识别点,一旦这四个参数中有一个发生变化,socket 就会断开连接。

在垂直切换场景中,接入网络从一个接入服务器切换到另一个接入服务器时,需重新分配 IP 地址(实际上,要建立符合新网络 IP 拓扑的地址,并在互联网络中授权正确的路由选择,则需要改变子网前缀)。TCP 和 IP 本身并不是为处理这种问题而设计的。

有以下两个方案可处理 IP 地址的变化。

① 在传输层。为消除连接对 IP 地址的依赖,已提出了一些 TCP 扩展。例如,TCP-migrate 为 TCP 协议增加了两个新的选项并在 TCP 状态机中增加了一个新"状态"(MIGRATE_WAIT)。但这个方案没有被采用,因为它会对 TCP 协议产生极大的影响。TCP-R(重定向)是另一个进行类似尝试的扩展,它额外添加了一个层来隐藏传输层中断开的连接。

②在网络层。该解决方案为一系列的协议。移动 IPv4 是为解决这个问题而引入网络层的第一个扩展。后续的 MIPv4、MIPv6、快速切换移动 IP(FMIP)、分层移动 IP(HMIP)、代理移动 IP(PMIP)等中增加了一些改善或变化。移动 IP 的一般原则是隐藏高层中的更新地址。

(2)应用超时。

尽管在 TCP 层维持了连接,但应用本身无法处理切换过程中通信的中断。应用可能会认为连接已丢失(沉默),而这可能导致连接被断开。TCP 的一个选项——用户超时选项(User Timeout Option,UTO),负责公告超时,以便应用可以分享超时策略。

6.5.2 控制数据流对新网络的适应

仅仅维持 IP 地址和 TCP 连接是不够的。切换后,连接的特性如带宽和传播延迟(及 BDP)会改变,这给 TCP 拥塞管理带来了一些严重问题。

TCP 拥塞控制需要时间来确定新网络的容量,在这期间,可能会没有充分利用新网络连接(在向能提供更多容量的网络切换的情况下)或在连接中丢包(在向只能提供较少容量的网络切换的情况下)。

在切换过程中可能会发生多种副面效应。例如,数据包重组和往返时延延长,这些将会触发 TCP 拥塞控制操作,进一步损害性能。如果 TCP 拥塞控制无法快速适应新网络的条件,则在切换后,可能会有多个数据包丢失。

没有任何 IP 移动框架(网络层方法)可以帮助解决这个问题,这个问题必须由传输层来处理。TCP 发送端不了解移动节点的变化,会将切换认作拥塞,从而触发拥塞控制。对 TCP 数据流控制造成副面效应的是以下两个主要行为准则。

(1)2/3 层中执行切换的方式。先接后断(Make-Before-Break,MBB)还是先断后接(Break-Before-Make,BBM)。

(2)BDP 的演变。向上切换(意味着 BDP 增加)还是向下切换(意味着

BDP 降低），尤其是延迟的演变。

6.5.3　先断后接切换对 TCP 的影响

先断后接意味着在网络变化过程中，2 层被中断，仅在旧的连接关闭后才建立新的连接。下面总结 BBM 的影响。

（1）如果中断持续时间过长（应用和/或 TCP 超时），就有断开连接的风险。

（2）如果在中断期间发生数据包丢失，即使只是一次丢包，也可能触发拥塞机制，从而导致没能充分利用带宽。

（3）连接时间未使用。中断期间的超时重传可能会超时。即使重新建立连接，仍会使得恢复通信所需的时间被延长。此外，之后的 RTO 可能会多次超时，因为对于实际的 RTO 计算来说，新的网络延迟可能太长。RTO 的超时阻止了发送端传输数据，因为缓慢启动阈值降低，且需要从启动阈值和拥塞窗口值都较低的缓慢启动开始，恢复过程将会花费更多时间。

6.5.4　先接后断切换对 TCP 的影响

先接后断意味着，在旧的 2 层被停用前，新的 2 层已准备好。在切换的短暂时期内，有两个连接可用。先接后断切换对 TCP 的影响见表 6.2。

表 6.2　先接后断切换对 TCP 的影响

切换方式	向上切换	向下切换
对延迟的影响	无用重传： RTO 超时，因为先前的往返时延不够大而不符合新的往返时延，RTO 计算无法适应该意外的往返时延增加；发生寄生超时重传副面效应	无用重传： 如果新的连接以比之前更快的速率传递数据包，则接收到的一些"飞行状态"数据包可能是无序的，因此接收端将此解读为数据包丢失，从而触发重传； 向更慢的 RTO 收敛
对 BDP 的影响	未充分使用带宽和资源浪费： TCP 可能无法使用新网络中较高的带宽	真拥塞/数据包丢失： 对于带宽来说，TCP 数据流速率过高，新的网络可能无法传递数据包，网络中发生真拥塞，可能将丢弃数据包，激活 TCP 数据流控制； 寄生超时重传

6.5.5　同时产生了带宽和延迟变化的垂直切换对 TCP 的影响

为阐释地面和卫星网络间切换对 TCP 连接的影响,这里配置了之前用以模拟卫星连接地面网络信道、具有延迟和带宽变化的模拟器。用 250 ms 的单向延迟和 2 Mbit/s 的带宽模拟卫星网络。

这个实验表明了卫星网络向其他地面网络切换或相反的过程中,各 TCP 版本的行为。这也有助于挑选出最好、最适用于带宽和延迟明显变化的卫星/地面混合网络的协议。

正如本章开头所述,目前存在一些通信改善和优化方案,其中最常用的一个方案是性能增强代理。PEP 改善了传输,同时"保护"地面分段免遭卫星网络特性的损害,此外还提供了流量加速和优化机制。然而,这也带来了许多不足,如无法与加密连接兼容、TCP 连接端到端语义中断。此外,在向地面网络移动的过程中,PEP 可能产生不利影响。测试使用的版本是 PEPSal。

1. 配置和测试

测试开始时,前 20 s 内的传输速率为 512 (kbit · s^{-1})/500 ms(往返时延为 500 ms),随后在 $t = 20$ s 时,向地面网络切换(传输速率为 2 (Mbit · s^{-1})/50 ms)。在 $t = 40$ s 时,再次发生切换,返回到初始网络中,错误率为 0。

2. 分析

切换过程中序号、传输速率和往返时延的演变如图 6.7 所示,卫星网络上使用了带有 PEPSal 的新 Reno。在这个阶段也可观察到 Hybla 的良好反应,但在首次切换时,Hybla 明显出现中断。新 Reno 表现极不理想,这证明其与卫星网络不兼容。CTCP 很稳定,提供了可比拟 PEP 解决方案的传输速率。Hybla 的平均传输速率较高,但变化较小。图 6.7(c) 表明了应用 RTT 时 Hybla 的缓冲问题,进而解释了 20 s 处的连接中断。

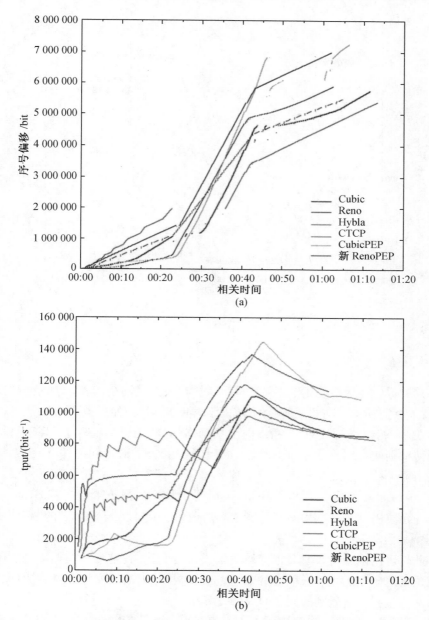

图 6.7　切换过程中序号、传输速率和往返时延的演变（见附录彩图）

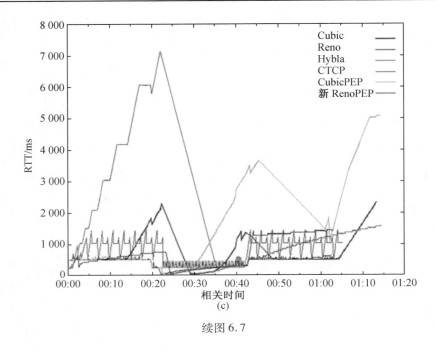

续图 6.7

6.5.6　小结

只要卫星连接中使用了高效的 TCP 版本,在卫星网络向 Wi-Fi 网络切换时,就不会遭遇重大问题。所有的 TCP 版本都能够快速使用盈余的带宽。

在另一个方向上(Wi-Fi 网络向卫星网络切换),传输速率的下降不会造成任何特别的难题。然而,传播延迟的提升却引入了诸多问题,其中包括接入路由器上缓冲的陡然提升。传输速率下降和延迟提升共同导致了协议的丢包。与 Cubic 不同,CTCP 和 Hybla 不会受到切换的严重干扰。若 Hybla 和 PEP 一起使用(Hybla PEPsal),性能会有所改善。但正如已论证过的,若使用 CTCP,就不必再使用 PEP 解决方案。

此外也已论证过,CTCP 很好地适应了延迟变化,它是唯一在拥塞控制中集成了延迟变化的协议。也就是说,基于丢包和延迟的拥塞控制是解决创建混合网络过程中遭遇到的问题的最佳方案。

然而,显式拥塞通知解决了 Cubic 和 Hybla 等版本中的主动性问题。在网络向卫星网络变化的过程中,缓冲得到了最好的管理。

本节也研究了先断后接场景,当网络变化过程中连接断开的时间达到 500 ms 时,CTCP 将显著优于其他版本。实际上,在重启时,CTCP 比 Cubic

和 Hybla 反应更快。当网络变化过程中连接断开的时间达到 1 000 ms 时,由于 Cubic 本质上是主动的,因此使用 Cubic 会增加难度。

6.6 本 章 小 结

本章重点讨论了 CTCP 的性能。CTCP 是优秀的混合网络传输层解决方案。本章还介绍了 CTCP 对卫星网络的适应性及其支持卫星–地面混合网络中必然发生的网络变化的能力。就目前的情况而言,在混合网络中,CTCP 协议更为适用。

结　　论

　　建立混合卫星网络是目前该领域许多人员关注的核心问题，无论是运营商、研究人员、制造商，还是终端用户，人们都希望在任何地方可以始终提供统一、易于访问的服务。这些混合网络在某种程度上已经存在，运营商通过非对称数字用户线（Asymmetric Digital Subscriber Line, ADSL）提供互联网接入，并在 ADSL 传输速率不足时通过卫星提供电视服务。然而，这些系统的融合不能满足所预期的新服务。

　　对 5G 的初步研究，除寻找新的频段或编码技术外，还强调了扩展现有服务以提高移动性和传输速率的必要性，同时瞄准新的市场，如机器对机器（Mechine-to-Mechine, M2M）和通信对象。为实现这一目标，新的标准着眼于均匀地集成现有的通信支持，无论它们是无线的、蜂窝的、自组网的、短距离还是长距离的、低或高消耗的。

　　实际上，卫星在保证大规模广播和进入难以到达的地区方面可以发挥特别重要的作用。卫星通信系统向覆盖全球或地区的固定、便携式或移动终端提供广播、高传输速率和窄带传输等多种服务。它们以提供可靠和无所不在的服务而闻名，这在经济上有利于广播和信息采集。因此，它们是其他电信技术的理想补充。

　　"卫星通信"工作组目前正在推动将卫星通信纳入 5G，该工作组涉及该行业的许多不同利益相关者。

　　在未来的高速通信系统中使用 Q/V 频段也将是创建混合网络的关键推动力。事实上，这些波段的传输对与天气相关的问题非常敏感。这些系统必须配备多个网关，以克服由局部天气干扰引起的任何问题，这些问题可能导致单个网关严重恶化。在一个光纤环路中有多个互联的网关，业务可以立即重新路由到另一个接入点，以确保服务的连续性。

　　然而，由于光纤/卫星混合网络中的管理接口明显不同，因此在这种光纤/卫星混合网络中出现了管理问题。第一类通常由多协议标签交换（Multiprotocol Label Switching, MPLS）操作，第二类由卫星网络管理的专有应用程序操作。当光纤环路的操作者与卫星系统的操作者不同时，问题将变得更加复杂，因为两个网络之间的交互机会非常有限。由于缺乏接口，很难实现动态服务，因此不能使两个网络中的可用资源得到最佳利用。

因此,在这些混合网络中,服务质量管理是必不可少的。本书已经综述了在地面和卫星网络中最前沿的解决方案。在某些情况下,可以实现更加基础但灵活性差的解决方案,如在地面网络中使用 MPLS 隧道。然而,在任何情况下,都需要信令和管理,网络间的互操作性问题仍然存在。

第4章讨论了卫星网络与 IP 多媒体子系统体系结构的集成,提出了一种基于开放接口的解决方案,如会话初始化协议、公共开放策略服务和双RADIUS(DIAMETER)协议。在这一领域开展的工作表明了这种解决办法的可行性。

移动性是下一代通信网络的关键,但也是一项复杂的管理服务。混合网络的设计再一次造成了与网络间接口相关的问题,也导致了性能方面的问题,这取决于所选择的解决方案。在关于移动性的章节中提出了两种解决办法。第一种解决方案更易于实现,并且基于移动互联网协议:移动 IP 的使用。已经证明,这种解决方案在性能方面是可以接受的,同时还要注意为混合网络选择合适的版本,如分层版本和快速切换。第二种解决方案更为复杂,它具有双重优势,即在中断时间方面提供更好的性能,并且有可能与 QoS 管理机制相结合,如 IMS 体系结构中提出的机制。

最后,本书解决了混合系统中传输层性能的难题。协议层面的问题不再是性能问题。事实上,从网络的一端运行到另一端的传输层必须适应任何类型的支持,无论是地面支持、卫星支持、移动性支持中的哪种,或二者的混合。目前,为克服早期版本的传输控制协议的性能低下,代理服务器的复杂解决方案得以实现。并且,它似乎正朝着积极的方向发展,正如对 Cubic 和复合TCP 版本的性能分析所显示的那样。综上所述,在混合网络环境下,使用双拥塞窗口(计算流量和穿过网络所需的时间)可以提供非常令人满意的结果。

在不久的将来,卫星通信系统的部署及其与地面网络的融合将带来新的机遇。

可以引用标准的演变过程,如同名标准的接替者 DVB-S2X 的出现,与最初的标准相比,其效率有望提高51% ,这主要是因为调制和信号处理技术的优化。还出现了 8 ~ 256 个 APSK 的调制结构,共有 112 个 modcod。低信噪比的 modcod 的移动应用(陆地、海上和空中)也正在兴起。

在更高层上,也可以预期到其他的变化,特别是在网络协议方面,HTTP正在向 HTTP/2 版本发展。这种由地面移动终端的推广所带来的进化,也可能对卫星系统有利。事实上,协议的主要改进是在复杂文档的协商过程中对HTTP请求进行多路传输的能力,因此与对请求进行排序的前一个版本相比,该协议大大减少了加载时间。考虑到存在较高的网络延迟,这种改进更为显著。这种变化的另一个有趣的方面是预期服务器传输内容的可能性。服务器可以决定将它可能需要解码文档的内容（如级联样式表（Cascading Style Sheet,CSS））传输到客户机,而无须任何事先请求。

今天,更多的注意力集中在软件定义网络（Software Defined Network,SDN）将带来的革新上。这种新的形式提供了控制平面和数据平面的分离,使得简化交换设备成为可能,以便将智能转移到被称为控制器的集中设备中。通过标准化一个新的编程接口,网络协议可以从设备制造商的专有应用中解放出来,从而能够部署新的增值服务。因此,新的路由协议可以作为一个简单的应用程序部署在网络的控制器上,而不需要对其底层基础设施进行任何修改。这种部署新协议和集中控制设备的能力可能为混合网络的管理带来新的机遇。灵活的材料与同一运营商的混合网络中的标准化接口相结合,可以轻松地从单个控制器配置新服务,并具有网络和流量的全局视野。卫星网络与地面网络设备一样,必须像 openflow 协议目前建议的那样,将这个控制器连接在一个标准接口上,并表现为简单的交换元件。虽然现在有一系列设备与这种协议兼容,但卫星网络并非如此,它们的管理仍然很复杂,通常是专有的,必须努力使它们适应这种新的形式。必须找到通过统一接口可以显露的内容与卫星特有的信息之间的互补性,以在提高灵活性的同时,又不丧失对系统进行精确管理所提供的可能性。

参 考 文 献

[ALL 00] ALLMAN M. et al., Ongoing TCP research related to satellites, IETF 2760, February 2000.

[ALL 03] ALLMAN M., FALLK., WANG L. et al., A conservative selective acknowledgment(SACK) – based loss recovery algorithm for TCP, IETF RFC 3517, 2003.

[ALL 07] ALLMAN M., JAIN A., SAROLAHTI P. et al., RFC 4782: quickstart for TCP and IP, IETF experimental, 2007.

[ALL 99] ALLMAN M., GLOVER D., SANCHEZ L., Enhancing TCP over satellite channels using standard mechanisms, IETF RFC 2488, January 1999.

[AVR 10] AVRACHENKOV K., AYESTA U., BLANTON J. et al., RFC 5827: early retransmit for TCP and stream control transmission protocol (SCTP), IETF experimental, 2010.

[AWD 99] AWDUCHE D., MALCOLM J., AGOGBUA J. et al., Requirements for traffic engineering over MPLS, RFC 2702 (informational), September 1999.

[BLA 98] BLAKE S. et al., An architecture for differentiated services, RFC 2475, December 1998.

[BOR 01] BORDER J., KOJO M., GRINER J. et al., Performance enhancing proxies intended to mitigate link-related degradations, IETF 3135, June 2001.

[BOY 00] BOYLE J. et al., The COPS(common open policy service)protocol, IETF RFC 2748, January 2000.

[BRA 92] BRADEN R., BORMAN D., JACOBSON V., TCP extensions for high performance, IETF RFC 1323, 1992.

[BRA 94a] BRADEN R., T/TCP – TCP extensions for transactions functional specification, RFC IETF 1644, July 1994.

[BRA 94b] BRADEN R. et al., Integrated services in the internet architecture: an overview, RFC 1633(IETF), 1994.

[BRA 97] BRADEN R. et al. , Resource reservation protocol(RSVP) , version 1 functional specification, RFC 2205, September 1997.

[CAL 03] CALHOUN P. et al. , RFC 3588: diameter base protocol, IETF, September 2003.

[CAM 02] CAMARILLO G. , MARSHALLW. , ROSENBERG J. , RFC 3312: integration of resource management and session initiation protocol (SIP), IETF RFC 3312, October 2002.

[CAM 03] CAMARILLO G. , MONRAD A. , Mapping of media streams to resource reservation flows, RFC 3524, April 2003.

[CHA 03] CHAN K. , SAHITA R. , HAHN S. et al. , Differentiated services quality of service policy information base, IETF RFC 3317, March 2003.

[CLA 90] CLARK D. D. , TENNENHOUSE D. L. , "Architectural considerations for a new generation of protocols", Proceedings of IEEE Sigcomm (Symposium on Communications Architectures and Protocols), pp. 200 – 208, Philadelphia, PA, September 1990.

[COM 10] COMBES S. , SatLabs system recommendations – quality of service specifications, ESA/ESTEC, June 2010.

[DAV 02] DAVIE B. et al. , An expedited forwarding PHB(per-hop behavior), RFC 2598, March 2002.

[DEV 07] DEVARAPALLI V. , DUPONT F. , RFC 4877: mobile IPv6 operation with IKEv2 and the revised IPsec architecture, IETF RFC 4877, April 2007.

[DUB 20] DUBOIS E. , FASSON J. , DONNY C. et al. , "Enhancing TCP based communications in mobile satellite scenarios: TCP PEPs issues and solutions", ASMS 2010, pp. 476-483, 2010.

[DUR 01] DUROS E. , IZUMIYAMA H. , FUJII N. et al. , RFC 3077: a link-layer tunneling mechanism for unidirectional links, IETF, March 2001.

[EGG 09] EGGERT L. , GONT F. , TCP user timeout option, IETF RFC 5482, 2009.

[EMS 04] EMS TECHNOLOGIES, VoIP over Satellite, EMS Technologies Canada Technical Notes, Revision 1-2, May 2004.

[FAI 05] FAIRHURST G. , COLLINI-NOCKER B. , RFC4626: unidirectional lightweightencapsulation(ULE)for transmission of IP datagrams over an MPEG−2 transport stream(TS) ,IETF, December 2005.

[FAI 07] FAIRHURST G. , MONTPETIT M. −J. , RFC 4947: address resolution for IP datagrams over MPEG−2 networks, IETF, July 2007.

[FIR 04] FIRRINCIELI R. , CAINI C. , "TCP Hybla: a TCP enhancement for heterogeneous networks ", International Journal of Satellite Communications and Networking, vol. 22 ,2004.

[FOX 89] Fox R. , TCP big window and Nak options, IETF RFC 1106, June 1989.

[GOD 00] GODERIS D. et al. , Service level specification semantics, parameters and negotiation requirements, available at: www. ist-tequila. org/ standards/draft-tequila-diffserv−sls−00. txt, July 2000.

[GRO 99] GROSSMAN D. , HEINANEN J. , RFC2684: multiprotocol encapsulation over ATM adaptation layer 5, IETF, September 1999.

[GUN 08] GUNDAVELLI S. , LUNG K. , DEVARAPALLI V. et al. , RFC 5213: proxy mobile IPv6, IETF RFC 5213, August 2008.

[HAN 05] HANCOCK R. et al. , Next steps in signaling(NSIS) : framework, RFC 4080, June 2005.

[HAN 98] HANDLEY M. , JACOBSON V. , RFC 2327: SDP: session description protocol, April 1998.

[HEI 99] HEINANEN J. et al. , Assured Forwarding PHB Group, RFC 2597, June 1999.

[HER 00] HERZOG S. , BOYLE J. , COHEN R. et al. , COPS usage for RSVP, IETF RFC: 2749, January 2000.

[IPT 05] IPTEL−VIA−SAT, Cookbook for IP Telephony via DVB−RCS, version 1. 0, ESA Project report, 12 May 2005.

[ISO 94] ISO/IEC 13818−16, Generic coding of moving pictures and associated audio information, 1994.

[ISO 00a] ISO/IEC 13818−1, Information Technology-Generic Coding of Moving Pictures and Associated Audio Information: Systems, 2nd ed. , December 2000.

[ISO 00b] ISO/IEC 13818−6, Information Technology-Generic Coding of Moving Pictures and Associated Audio Information: Part 6: Extensions for DSM−CC, 2nd ed. , December 2000.

[ITU 04] An architectural framework for support of quality of service in packet networks, ITU−T Recommendation Y. 1291, 2004.

[JAC 90] JACOBSON V. , Compressing TCP/IP header for low-speed serial links, IETF RFC 1144, February 1990.

[JAC 92] JACOBSON V. , BRADEN R. , BORMAN D. , TCP extensions for high performance, IETF RFC 1323, May 1992.

[JOH 04] JOHNSON D. , PERKINS C. , ARKKO J. , RFC 3775: mobility support in IPv6, IETF RFC 3775, June 2004.

[KEM 07] KEMPF D. , RFC 4830: problem statement for network-based localized mobility management (NETLMM), IETF RFC 4830, April 2007.

[KOH 06] KOHLER E. et al. , Datagram congestion control protocol(DCCP), IETF RFC 4340, March 2006.

[KOO 09] KOODLI R. , RFC 5568: mobile IPv6 fast handovers, IETF RFC 5568, July 2009.

[KRI 08] KRISTIANSEN E. , ROSETI C. , "TCP Noordwijk: optimize TCP-based transport over DAMA in satellite networks", International Communications Satellite Systems Conference, 2008.

[LEE 09] LEE D. , CARPENTER B. E. , BROWNLEE N. , Observations of UDP to TCP ratio and port numbers, Technical report, Department of Computer Science, University of Auckland, 3 December 2009.

[LEF 02] LE FAUCHEUR F. , WU L. , DAVIE B. et al. , Multi-protocol label switching (MPLS) support of differentiated services, RFC 3270 (proposed standard), May 2002.

[MAH 96] MAHDAVI J. , FLOYD S. , ROMANOW A. et al. , TCP selective acknowledgment options, IETF RFC 2018, 1996.

[MAN 04] MANNER J. , KOJO M. , RFC 3753: mobility related terminology, IETF RFC 3753, June 2004.

[MAN 05] MANNER J. , KARAGIANNIS G. , MCDONALD A. et al. , NSLP for quality-of-service signaling, Technical report, IETF, 2005.

[MAT 96] MATHIS M. , MAHDAVI J. , FLOYD S. et al. , TCP selective acknowledgment options, IETF RFC 2018, October 1996.

[MOO 01] MOORE B. et al. , Policy core information model-specification, RFC 3060, February 2001.

[NER 04] NERA, VoIP over DVB-RCS-a radio resource and QoS perspective, NERA VoIP White paper, December 2004.

[NIC 98] NICHOLS K., BLAKE S., BAKER F. et al., RFC2474 definition of the differentiated services field (DS field) in the IPv4 and IPv6 headers, December 1998.

[NIC 99] NICHOLS K., JACOBSON V., ZHANG L., A two-bit differentiated services architecture for the internet, RFC 2638, July 1999.

[OUR 10] OURSES PROJECT, Aerospace valley, available at http://www.ourses-project.fr/, 2010.

[PAD 02] PADMANABHAN V., FAIRHURST G., SOORIYABANDARA M. et al., RFC 3449, TCP performance implications of network path asymmetry, BCP 69, IETF, December 2002.

[PER 02] PERKINS C., RFC 3344: IP mobility support for IPv4, IETF RFC 3344, August 2002.

[POS 80] POSTEL J., RFC-768: user datagram protocol, request for comments, August 1980.

[POS 81] POSTEL J., RFC 793: transmission control protocol, Technical report, Internet Engineering Task Force(IETF), 1981.

[RAM 01] RAMAKRISHNAN K., FLOYD S., BLACK D., The addition of explicit congestion notification (ECN) to IP, IETF RFC 3168, September 2001.

[RAM 07] RAMOS A., DE LA CUESTA B., CARRO B. et al., "A novel QoS architecture for next generation broadband satellite systems", International Workshop on IP Networking over Next-Generation Satellite Systems(INNSS '07), Budapest, Hungary, 5 July 2007.

[RHE 08] RHEE I., XU L., HA S., "CUBIC: a new TCP-friendly high-speed TCP variant", SIGOPS Operating Systems Review, vol. 42, no. 5, pp. 64-74, New York, USA, available at http://doi.acm.org/10.1145/1400097.1400105, July 2008.

[RIG 00a] RIGNEY C. et al., RFC 2865: remote authentication dial in user service(RADIUS), IETF, June 2000.

[RIG 00b] RIGNEY C. et al., RFC 2866: RADIUS accounting, IETF, June 2000.

[ROS 02a] ROSENBERG J., SCHULZRINNE H., CAMARILLO G. et al.,

SIP: session initiation protocol, IETF RFC-3261, June 2002.

[ROS 02b] ROSENBERG J. et al. , An offer/answer model with the session description protocol(SDP), RFC 3264, June 2002.

[SAL00] SALSANO S. et al. , Definition and usage of SLSs in the AQUILA consortium, available at: www. ist-tequila. org/standards/draft-salsano-aquila-sls-00. txt, Internet Draft, November 2000.

[SAL02] SALSANI S. et al. , "QoS control by means of COPS to support SIP-based applications", IEEE Network, vol. 16, no. 2, pp. 27-33, March/April 2002.

[SAT 10] SATLABS GROUP, DVB – RCS management information base, February 2010.

[SCH 03] SCHULZRINNE H. , CASNER S. , FREDERICK R. et al. , RTP: a transport protocol for real-time applications, IETF RFC 3550, July 2003.

[SCH 06] SCHULZRINNE H. , HANCOCK R. , General internet messaging protocol for signaling, Technical report, IETF, 2006.

[SCP 06] SPCS, CCSDS 714. 0-B-2 transport protocol, no. 2, October 2006.

[SKI 05] SKINNEMOEN H. , VERMESAN A. , IUORAS A. et al. , VoIP over DVB – RCS with QoS and bandwidth on demand, Wireless Communications IEEE, vol. 12, no. 5, pp. 46-53, October 2005.

[SOL 08] SOLIMAN H. , CASTELLUCCIA C. , EL MALKI K. et al. , RFC 5380: hierarchical mobile IPv6(HMIPv6)mobility management, IETF RFC 5380, October 2008.

[STE 00] STEWART R. , RFC 2960: stream control transmission protocol, October 2000.

[STI 05] STIEMERLING M. , Loose end message routing method for NATFW NSLP, Technical report, IETF, 2005.

[STM 07] STM SatLink VSAT user guide, STM Norway AS Publication no. 101557, Rev. U, 9 August 2007.

[THO 98] THOMSON S. , NARTEN T. , JINMEI T. , RFC 4862: IPv6 stateless address autoconfiguration, IETF RFC 4862, December 1998.

[WEN 10] WEN J. , ZHANG J. , HAN Y. et al. , "TCP-FIT: an improved TCP congestion control algorithm and its performance", INFOCOM 2011, October 2010.

[WES 01] WESTERINEN A. et al. , Terminology for policy-based management, RFC 3198, November 2001.

[YAM 08] YAMAMOTO T. , "Estimation of the advanced TCP/IP algorithms for long distance collaboration", Proceedings of the 6th IAEA Technical Meeting on Control, Data Acquisition, and Remote Participation for Fusion Research, vol. 83, nos. 2-3, pp. 516-519, April 2008.

[YAV 00] YAVATKAR R. , PENDARAKIS D. , GUERIN R. , A framework for policy-based admission control, IETF RFC 2753, January 2000.

[ZHA 06a] ZHANG Q. , SRIDHARAN M. , KUN T. et al. , "A compound TCP approach for high-speed and long distance networks", INFOCOM, 2006.

[ZHA 06b] ZHANG Q. , SRIDHARAN M. , KUN T. et al. , "Compound TCP: a scalable and TCP – friendly congestion control for high-speed networks – protocols for fast long-distance networks", PFLDNet, 2006. Standards

[AME 04] EUROPEAN SPACE AGENCY, Interactive Broadband DVB–RCS/S OBP Communication System(AMERHIS), available at http://www. esa. int, 2004.

[ETS 99] ETSI TR 100 815 v1. 1. 1, Digital video broadcasting (DVB); guidelines for the handling of asynchronous transfer mode (ATM) signals in DVB systems, ETSI Technical report, February 1999.

[ETS 01] ETSI TR 101 984 V1. 1. 1, Satellite earth stations and systems(SES); broadband satellite multimedia; services and architectures, November 2001.

[ETS 03] ETSI TR 101 202 v1. 2. 1, Digital video broadcast (DVB); implementation guidelines for data broadcasting, ETSI Technical report, January 2003.

[ETS 04] ETSI EN 301 192 V1. 4. 1, Digital video broadcast(DVB); DVB spec-ification for data broadcasting, Norme ETSI, November 2004.

[ETS 05a] 3GPP TS 23. 228 3rd Generation Partnership Project; technical specification group services and system aspects; IP multimedia subsystem(IMS); stage 2(Release 7), V7. 0. 0(2005–06), 2005.

[ETS 05b] ETSI TR 102 187 V1. 1. 1, Satellite earth stations and systems(SES); broadband satellite multimedia; overview of BSM families, May 2005.

[ETS 06] ETSI, Satellite earth stations and systems(SES), broadband satellite multimedia, QoS functional architecture, ETSI Technical report, TR 101 462, V1.1.1, December 2006.

[ETS 07a] ETSI TR 101 984, Satellite earth stations and systems (SES); broadband satellite multimedia; services and architectures, V1.2.1, December 2007.

[ETS 07b] ETSI TS 29 208, End-to-end quality of service(QoS)signalling flows, ETSI 3GPP, June 2007.

[ETS 07c] ETSI TS 102 606, Digital video broadcasting(DVB); generic stream encapsulation(GSE)protocol, 2007.

[ETS 08] ETSI TS 123 228, IP multimedia subsystem(IMS); stage 2, ETSI 3GPP, April 2008.

[ETS 09a] ETSI EN 301 790 v1.5.1, Digital video broadcast(DVB); interaction channel for satellite distribution systems, Norme ETSI, May 2009.

[ETS 09b] ETSI EN 302 307 v1.2.1, Digital video broadcasting, second generation framing structure, channel coding and modulation systems for broadcasting, interactive services, news gathering and other broadband satellite application, Norme ETSI, August 2009.

[ETS 09c] ETSI TR 101 790 v1.4.1, Digital video broadcast(DVB); interaction channel for satellite distribution systems; guidelines for the use of EN 301 790, ETSI, July 2009.

[ETS 09d] ETSI TR 102 676, Satellite earth stations and systems (SES); broadband satellite multimedia(BSM); performance enhancing proxies (PEPs), V1.1.1, November 2009.

[ETS 09e] ETSI TS 102 602, Connection control protocol(C2P)for DVB-RCS; specifications, version 1.1.1, ETSI BSM, January 2009.

[ETS 09f] ETSI TS 102 603, Connection control protocol(C2P)for DVB-RCS; background information, version 1.1.1, ETSI BSM, January 2009.

[ETS 09g] ETSI EN 302 307, Digital video broadcasting (DVB); second generation framing structure, channel coding and modulation systems for broadcasting, interactive services, news gathering and other broadband satellite applications(DVB-S2), 2009.

[ETS 11a] ETSI TS 23 207, End-to-end quality of service(QoS)concept and architecture, ETSI 3GPP, version 10.0.0, March 2011.

[ETS 11b] ETSI TS 102 771, Digital video broadcasting(DVB); generic stream encapsulation(GSE)implementation guidelines, 2011.

[ETS 12a] ETSI EN 300 468, Digital video broadcasting; specification for service information in DVB systems, May 2012.

[ETS 12b] ETSI TS 23 107, Quality of service(QoS)concept and architecture, ETSI 3GPP, version 11, June 2012.

[ETS 12c] ETSI EN 301 545 (1 to 3), 2012 – 5, Digital video broadcasting (DVB); second generation DVB interactive satellite system (DVB – RCS2); 1 – overview and system level specification; 2 – lower layers for satellite standard; 3 – higher layers satellite specification, 2012.

附录 部分彩图

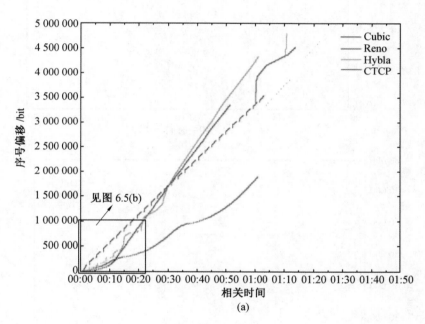

图 6.5

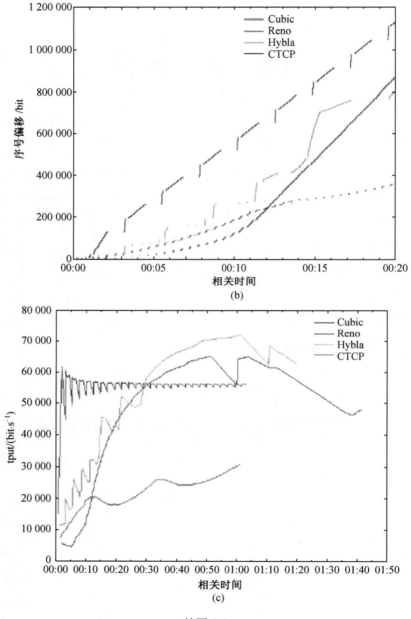

续图 6.5

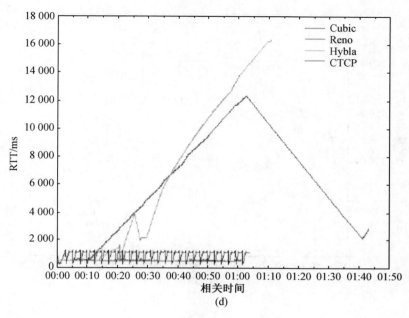

续图 6.5

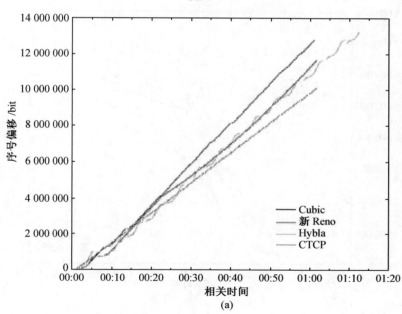

图 6.6

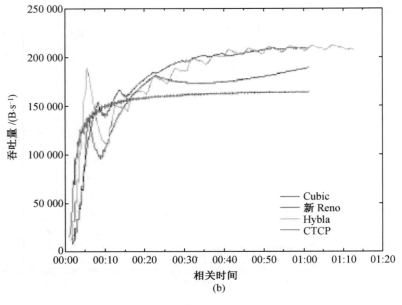

续图 6.6

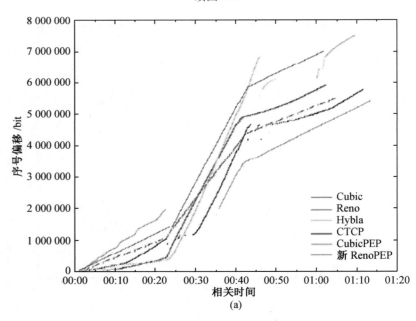

图 6.7

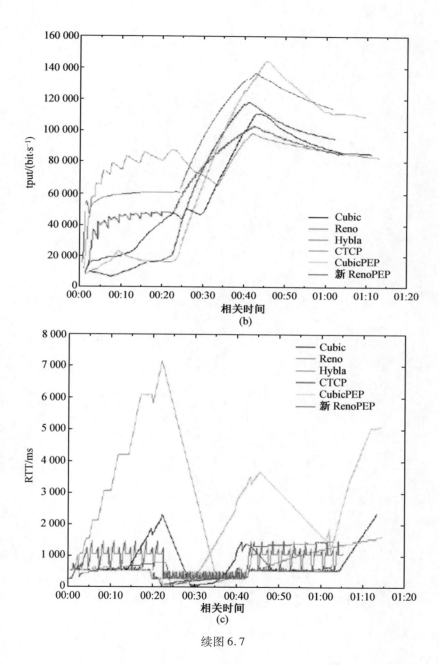

续图 6.7